뽕나무 · 오디 재배

국립원예특작과학원 著

뽕나무·오디
재배

뽕나무·오디

우리나라의 뽕나무 재배는 크게 누에 사육용과 오디 생산용으로 나눌 수 있다. 특히 안토시아닌이 풍부한 오디의 기능성이 주목을 받으며 규모와 기술적인 면에서 빠르게 발전하고 있다.

CONTENTS

제1장 누에 사육용 뽕나무 재배
1. 뽕밭 만들기 및 재해대책 / 08
2. 뽕밭 토양개량 및 다수확재배 / 36
3. 뽕밭 병해충 방제 / 62

제2장 오디 생산용 뽕나무 재배
1. 오디의 생산 특성 / 84
2. 뽕나무 재배 / 86
3. 오디 수확 및 이용 / 106

제3장 뽕나무·오디의 기능성 및 이용
1. 뽕잎의 기능과 성분 / 114
2. 오디의 기능성 성분 / 125
3. 뽕잎·오디 이용 기술 / 138

제4장 참고자료 / 150

제1장

누에 사육용 뽕나무 재배

1. 뽕밭 만들기 및 재해대책
2. 뽕밭 토양개량 및 다수확재배
3. 뽕밭 병해충 방제

우리나라의 뽕 품종의 특성상 누에치기의 시기별 뽕잎 수확량과 잎의 질, 자람새, 나무 모양 등에 유의하여야 한다. 특히 병해충에 대한 저항성 등과 같이 지역 풍토에 대한 적응성을 충분히 고려해야 한다.

1 뽕밭 만들기 및 재해대책

뽕나무 품종

가. 뽕 품종의 계통분류

우리나라에서 재배되고 있는 뽕 품종은 대부분 산상계, 백상계, 노상계 중에 속한다. 이와 같은 계통 분류는 뽕나무의 경우 종간 교잡이 용이하고 잡다한 변이가 발생하기 쉬우므로 분류상 종의 개념을 뽕 품종에 엄밀히 적용할 수 없기 때문이다. 따라서 아래 표와 같이 주로 실용적 특성에 맞춰 각 품종을 소속시키고 있다. 〈표 1-1〉

〈표 1-1〉 뽕나무 계통의 실용적 특성

특성		계통	산 상	백 상	노 상
가지		길 이	보 통	약간 깊	깊
		수	보 통	많 음	적 음
		굵 기	보 통	가늘음	굵 음
		자 세	전 개	직 립	약간 전개
	발 아 기		빠 름	보 통	늦 음
잎		크 기	보 통	작 음	큼
		굳어짐(경화)	빠 름	보 통	늦 음
저항성		내동성	강	보 통	약
		내건성	약	강	가장 강
		내병성	약	보 통	강
수량		봄누에 때	많 음	보 통	약간 적음
		가을누에 때	적 음	많 음	약간 많음
	용 도		봄누에용 특히 애누에 때	춘추잠겸용 특히 큰누에 때	가을누에용 특히 큰누에 때

산상계는 봄누에 사육기에 싹트기(발아)가 빠르고 가을 굳어짐(경화)도 빠르므로 봄누에용과 애누에 때에 적합하며, 노상계는 그 반대의 특성을 가지고 있으므로 가을누에용과 큰누에 때에 사용하면 좋다. 이들 두 계통의 중간 성질을 나타내는 백상계는 춘·추 겸용으로 적합하므로 특성에 따라 뽕 품종을 선택할 필요가 있다.

나. 뽕 품종의 실용적 분류

뽕 품종들은 각각 실용형질[v1]이 다르므로 이를 분류하면 아래 〈표 1-2〉와 같으며, 실용상의 목적에 따라 품종을 선택하여야 한다.

〈표 1-2〉 뽕 품종의 실용적 분류

구 분	분 류		
싹트는 시기	올 뽕	중 뽕	늦 뽕
뽕 이용 계절	봄 누 에	봄·가을 겸용	가을누에
누에의 나이(齡)	애 누 에	애·큰누에 겸용	큰누에
품 종	홍 올 뽕 청 올 뽕	개량뽕, 청일뽕, 수계뽕, 용천뽕 검설뽕, 신일뽕, 수봉뽕, 수원뽕	대륙뽕

다. 장려 뽕 품종의 특성 및 선택

현재 우리나라에서 장려되고 있는 뽕 품종의 특성을 보면 〈표 1-3〉과 같으며 뽕나무를 심을 지역의 기후, 풍토와 병해충 및 기상재해 등의 발생기록을 살펴보아 뽕밭 조성계획과 누에치기(양잠)계획을 고려하여 뽕 품종을 선택하는 것이 유리하다.

즉, 뽕 품종은 품종 특성과 재배 및 누에사육 면에서 적당한 품종을 선택하여야 한다.

Tip.

[v1] 실용형질
부화비율, 경과일수, 번데기가 되는 비율, 고치따기량, 고치 총무게, 생실량비율 등과 같이 경제성과 관계가 있는 형질

〈표 1-3〉 장려 뽕 품종의 주요특성

품종명	계통형	자웅성	싹트는 (발아) 시기	잎	가지	저항성	용도	적응 지역
개량뽕	백상	자웅동주[v3]	중뽕	중형의 5열엽[v2], 광택 2/5 잎차례[v1], 양질 다수성	회백색, 굵기는 보통, 가지 수 많음, 마디사이 짧음, 직립성	내동성은 청일뽕보다 약간 강, 오갈병[v6]에는 청일뽕보다 약함	춘추, 애누에용 및 큰누에용	전국
청일뽕	백상	자	중뽕	중형의 5열엽[v2], 약한 광택, 가을 굳어짐(경화) 늦음, 2/5 잎차례[v1], 양질 다수성	회백색, 굵기와 가지 수는 보통, 신장양호, 직립성	오갈병[v6]은 개량뽕보다 강, 내동성은 개량뽕보다 약, 뽕나무순혹 파리에 강함	〃	〃
대륙뽕	노상	자웅이주[v4] 자웅동주[v3]	늦뽕	대형의 원엽[v5], 엽면은 광택 있고 가을 경화 늦음. 2/5 잎차례[v1], 수량 보통	회갈색. 굵고 가지 수는 적음, 마디에서 굴곡	오갈병과 가뭄해에 강. 내동성은 약함	춘추, 큰누에용	동해 상습지를 제외한 전국
수계뽕	백상	자	중뽕	중형의 원엽[v5]과 2~3열엽, 광택 있고 농록색. 2/5 잎차례[v1], 다수성	회갈색, 가지 수는 많고 마디 사이 길이 보통, 신장력 강, 직립성	내동성 보통, 뒷면흰가루병에 약함	〃	전국

품종명	계통형	자웅성	싹트는 (발아) 시기	잎	가지	저항성	용도	적응 지역
신일뽕	백상	웅	중뽕	중형의 2~5열엽 광택, 미끈한 엽면, 가을 굳어짐(경화) 늦음, 2/5 잎차례, 다수성	회백색, 약간 굵고 가지 수 다소 적음, 신장력 강, 직립성	내동성 약, 오갈병[6]에 약간 강, 쓰러짐 견딜성 강함	춘추, 애누에용 및 큰누에용	추풍령 이남 온난지 (고랭지대 제외)
수원뽕	백상	자	중뽕	중형의 5열엽[2], 엽면 미끈, 광택 강, 2/5 잎차례 수량 보통	회갈색, 가지 수 많고 마디 사이 길이 짧음, 직립성	내동성 약간 강함	추기, 애누에용 및 큰누에용	한냉지
용천뽕	백상	자	중뽕	중형의 원엽[6], 담녹색으로 잎 두께 얇음, 가을 굳어짐(경화) 빠름, 2/5 잎차례[1], 수량 보통	황갈색, 굵기 보통, 가지 수와 마디 사이 길이 보통	내동성 매우 강함	춘추, 애누에용 및 큰누에용	〃
검설뽕	산상	자	중뽕	중형의 2~5 열엽[2], 광택 있고 농녹색, 굳어짐(경화) 약간 늦음, 2/5 잎차례[1], 다수성	농다갈색, 굵기 보통, 가지 수 많고 마디 사이 길이 깊음, 약간 전개성	내동성 약간 강함 오갈병[6]에 약함	〃	〃

품종명	계통형	자웅성	싹트는(발아)시기	잎	가지	저항성	용도	적응지역
청올뽕	노상	자	올뽕	중형의 원엽[v5], 광택있는 농녹색, 가을 굳어짐(경화) 늦음, 3/8 잎차례 다수성	회갈색, 신장력, 가지 수는 보통, 마디 사이 길이 짧음, 직립성	오갈병에 약간 강, 내동성 다소 약함	춘추, 애누에용	한냉지를 제외한 전국
홍올뽕	산상	자웅동주[v3]	올뽕	중형의 5열엽[v2], 광택 없고 엽면이 꺼칠함, 가을 굳어짐(경화) 빠름, 2/5 잎차례, 수량 보통	적갈색, 약간 굵고 가지 수 보통 약간 전개성	줄기마름병, 오갈병[v6]에 약간 약, 가뭄에 극히 약, 내동성은 비교적 강함	춘기, 애누에용	전국
수봉뽕	산상	혼성	중뽕	중형의 5~다열엽[v2] 광택 있는 담록색 3/8 잎차례[v1] 다수성	회갈색, 가지 수는 많음, 마디사이 길이 다소 김 직립성	내동성 약간 강, 오갈병[v6]에 약간 약함	춘추 큰누에용	오갈병[v6] 다발지를 제외한 전국

(1) 뽕 품종 특성 면에서 본 선택기준

뽕 품종 자체의 특성으로 보아서 누에치기(양잠) 시기별 뽕잎 수확량, 잎의 성질(엽질), 자람새(수세)와 나무모양(수형) 등에 유의하고, 병해충에 대한 저항성과 내동성과 같은 지역 풍토에 대한 적응성을 충분히 고려할 필요가 있다.

(2) 재배와 사육 면에서 본 선택기준

재배 면에서는 심는 거리, 비배관리방법, 정지수확법을 고려하여 가지의 신장력, 가지 수의 다소, 자세, 잎 모양 등에 유의하여야 한다.

사육 면에서는 누에치기(양잠) 규모에 따라 사육횟수와 방법을 고려하여 봄 일찍부터 사육할 계획이면 올뽕을 전 뽕밭의 10% 정도 심고, 늦가을까지 사육할 계획이면 굳어짐(경화)이 늦은 품종을 심도록 한다.

현재 장려 품종들은 모든 면에서 만능이 아니므로 뽕밭 면적이 1ha 미만인 때에는 품종 특성에 따라 1~2품종을 그리고 1ha 이상인 때에는 2품종 이상을 선정하여 각각의 특성을 살려 심는 면적을 결정하는 것이 합리적이다.

Tip.

v1 잎차례
줄기에 대한 잎의 배열 방식으로 엽서라고도 하는데 보통은 1개의 마디에 1장의 잎이 붙는 경우이며, 이것을 어긋나기(호생잎차례)라고 하고 대부분은 잎의 부착점을 연결하는 선이 나선상으로 되므로 이것을 나선잎차례(螺旋葉序)라고 한다. 1개의 마디에 2장 이상의 잎이 붙는 잎차례를 돌려나기(윤생잎차례)라고 하며, 이 중 1개의 마디에 2장의 잎이 마주붙는 것을 마주나기(대생잎차례)라고 한다.

v2 열엽
뽕잎에 갈라진 부분이 있는 잎

v3 자웅동주
암수한그루라고도 한다. 종자식물에서 수술만을 가진 수꽃과 암술만을 가진 암꽃이 같은 그루에 생기는 현상

v4 자웅이주
암꽃과 수꽃이 각각 다른 나무에 피는 것

v5 원엽
원잎이라 하며, 잎이 갈라진 곳이 없이 둥근 잎

v6 오갈병
잎이 둥근잎으로 되며 작아지면서 노란색으로 변하여 오그라지는 증세가 나타나고, 가지는 크지 못하고 잔가지가 나오는 병으로 마이코프라스마에 의해 발생한다.

뽕나무 묘목생산

뽕나무 묘목은 주로 생산업자에 의하여 생산되어 농가에 공급하고 있으나 농가에 따라 자급용 묘목을 스스로 생산하여 사용함으로써 묘목 값을 절감할 수 있다.

한눈뿌리접은 실생묘 생산 및 접목묘 양성에 2년이 소요되는 단점이 있으나, 묘목의 품질이 우수하고, 대량생산이 가능하여 대부분 한눈뿌리접으로 생산되고 있다.

자급용 묘목은 꺾꽂이(삽목)와 묻어떼기(휘묻이)로 생산하는 것이 뿌리내리는 비율(활착률)은 다소 떨어지지만 값싸고 간단하여서 유리하다.

이와 같은 꺾꽂이(삽목)와 묻어떼기(휘묻이)는 뽕나무의 재생 기능에 의한 분생력을 이용하는 번식법이므로 성공적으로 묘목을 생산하기 위해서는 모판의 온습도 등 재생에 알맞은 조건을 갖추어주는 것이 가장 중요하다.

가. 꺾꽂이(삽목)

(1) 묵은 가지 꺾꽂이(삽목)

묵은 가지 꺾꽂이(삽목)는 봄에 가지의 기부를 잘라 꺾꽂이(삽목) 하는데 덮기(피복), 아픔 만짐진단(유합촉진) 및 온상꺾꽂이(삽목) 등이 있으며, 덮기(피복) 꺾꽂이(삽목) 기술에 대하여 알아보면 다음과 같다.

- 꺾꽂이(삽목) 순의 준비 및 저장

지난해 가을에 수확을 하지 않은 충실한 가지를 꺾꽂이(삽목) 순으로 이용한다. 3월 중순경에 기부에서 잘라 땅속 1m 이상 깊이에 묻어 저장하고, 기온이 회복되는 4월 중하순에 꺾꽂이(삽목)를 한다.

- 묘포 만들기

묘포는 쉽게 마르지 않고 배수가 잘되는 모래참흙(사양토)의 밭을 깊게 갈아 엎은 다음, 〈그림 1-1〉과 같이 높이 10cm, 너비 60cm가 되는 모판을 만들고, 모판 밑 약 20cm 부위에 잘 썩은 퇴비를 10a당 1,500kg을 넣어주고 물을 충분히 준 후 두께 0.03mm 이상의 폴리에틸렌 필름을 땅에 붙게 덮는다(피복한다).

- 꺾꽂이(삽목) 작업

저장했던 가지를 꺼내어 가지 아랫부분에서 겨울눈 3~4개를 붙여 길이가 약 15㎝되는 꺾꽂이(삽목) 순을 1~2개 잘라낸다. 꺾꽂이(삽목) 순의 아랫부분 5㎝ 정도를 발근(뿌리내림)촉진제 알파나프타렌초산(NAA) 150~300ppm 용액에

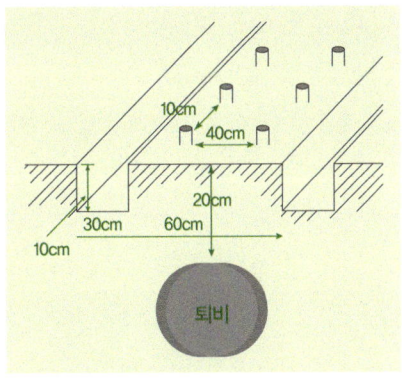

〈그림 1-1〉 모판 만들기 및 꺾꽂이(삽목) 거리

하룻밤 또는 0.3~0.5% 용액에 2~3초를 담가낸 후 그늘에서 수분이 마를 정도로 건조한 다음 40㎝ 간격 두 줄로 하여 그루 사이가 10㎝되게 꺾꽂이(삽목) 순 절반이 들어가도록 모판에 꽂는다.

- 꺾꽂이(삽목) 후의 관리

꺾꽂이(삽목) 후 약 40일후 뿌리가 내리면 폴리에틸렌 필름을 걷어내고 김매기를 한 다음 덧거름으로 10a당 요소 55kg, 용성인비 55kg, 염화칼륨 25kg을 6월 상순과 7월 중순에 나누어 준다.

(2) 새가지 꺾꽂이(삽목)

새가지 꺾꽂이(삽목)는 봄에 자라나온 새가지를 꺾꽂이(삽목)하여 묘목을 만드는 방법이며, 꺾꽂이(삽목) 시기와 묘포의 온도 관리를 적절히 하면 70~80%의 높은 뿌리내리는 비율(활착률)을 얻게 된다.

- 꺾꽂이(삽목) 순의 준비

꺾꽂이(삽목) 순으로 쓸 뽕나무의 새가지 발육을 촉진시키기 위하여 이른 봄에 가지 윗부분 1/3~1/2을 중간베기한 후 자란 새싹이 30~40㎝ 자랐을 때(5월 중하순) 이것을 따서 꺾꽂이(삽목) 순을 만든다.

- 묘포 만들기 및 꺾꽂이 (삽목) 작업

묘포[2]를 만드는 방법은 묵은 가지 꺾꽂이(삽목)의 경우와 같다. 따낸 새가지는 되도록 빨리 꺾꽂이(삽목) 순을 만들어 시들지 않게 하며, 새가지 기부[3]에서 12~15㎝ 되는 꺾꽂이(삽목) 순을 잘라 낸 다

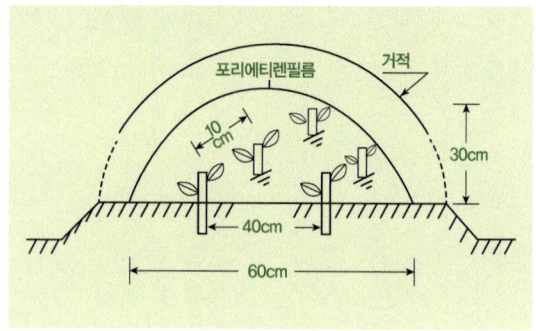

〈그림 1-2〉 모판만들기 및 꺾꽂이(삽목) 거리

음 위에 2장의 잎을 남기고 나머지 잎은 모두 따 버린다. 이 꺾꽂이(삽목) 순의 아랫부분 5㎝부위를 NAA 10ppm 용액에 하룻밤 또는 0.1~0.3% 용액에 2~3초 담가낸다. 모판 위에 윗 그림과 같이 40㎝ 간격 두 줄로 하고, 그루 사이를 10㎝로 하여 순이 5㎝정도 들어가도록 곧게 꽂는다. 다음 꺾꽂이(삽목) 순이 시들지 않도록 0.03㎜ 두께의 폴리에틸렌 필름으로 씌워 터널을 만들고, 그 위에 직사광선을 막기 위하여 75~90%의 빛 가림(차광)망으로 씌운다.

- 꺾꽂(삽목)이 후 관리

꺾꽂이(삽목) 한 후 40일 정도면 상당한 뿌리가 자라는데 이때 먼저 폴리에틸렌 필름을 걷어 주고 일주일 후 빛가림(차광)망을 걷어준다. 다음 김매기를 한 뒤 묵은 가지 꺾꽂이(삽목)처럼 요소[4], 용성인비[5] 및 염화칼륨[6]을 7월 중순과 8월 중순에 나누어 준다.

나. 묻어떼기(휘묻이)

묻어떼기(휘묻이)는 어미그루의 가지를 땅속에 휘어 묻어 엇뿌리[7]를 나게 하여 묘목을 만드는 방법이며, 특별한 기술도 요하지 않으며, 경비도 적게 들고, 뽕잎 수확을 하면서 빈 포기(결주) 메꿈심기(보식) 또는 드물게 심겨진 뽕밭을 배게심기[8]로 고칠 때에 사용할 수 있는 방법이다.

(1) 묻어떼기(휘묻이) 시기
봄에 낮추베기(저위예취) 한 뽕나무의 새싹이 10㎝ 정도 자랐을 때

(2) 묻어떼기(휘묻이) 작업
뽕밭에서 한 이랑 건너마다 이랑과 직각으로 깊이 10㎝ 정도의 골을 그루당 1~2개씩 파고 골속에 잘 썩은 두엄을 넣고 흙으로 덮는다. 〈그림 1-3〉과 같이 골속에 굵기가 보통인 가지를 휘어 묻고 일어나지 않도록 고정시킨다. 가지마다 약 15㎝ 간격으로 5개의 새싹을 남기고 나머지는 따버린 후 새싹 끝이 나올 정도로 흙을 덮고 잘 밟아준다.

가지 아랫부분에 가는 철사를 감고 꼭 틀어 주어서 어미그루 쪽으로의 양분 이동을 막고 가지에 양분이 축적되게 함으로서 뿌리가 잘 발달하도록 한다.

(3) 뽕밭의 관리
묻히지 않은 가지에서 새싹이 나오면 따버리면서 김매기를 하고 가지가 일어나지 않도록 북을 돋아 주면서 밟아준다.

Tip.

v1 중간베기
수확 때에 가지의 중간을 베어 수확하는 방법 또는 전정할 목적으로 가지의 중간을 벌채하는 것을 말한다.

v2 묘포
묘목 양성에 이용되는 토지. 모밭이라고도 한다.

v3 기부
기초가 되는 부분

v4 요소
카보닐기에 두 개의 아미노기가 결합된 화합물. 무색의 고체로 체내에서는 단백질이 분해하여 생성되고, 공업적으로는 암모니아와 이산화탄소에서 합성된다. 포유류의 오줌에 들어 있으며, 요소 수지, 의약 따위에 쓰인다.

v5 용성인비
인광석에 광석을 넣고 가열하여 만드는 인산 거름. 화산 땅이나 무논에 좋다.

v6 염화칼륨
염소와 칼륨의 화합물로서 염소와 칼륨, 탄산칼륨의 총칭

v7 엇뿌리
제뿌리가 아닌 줄기 위나 잎 따위에서 생기는 뿌리

v8 배게심기
빈틈없이 빽빽하게 심음

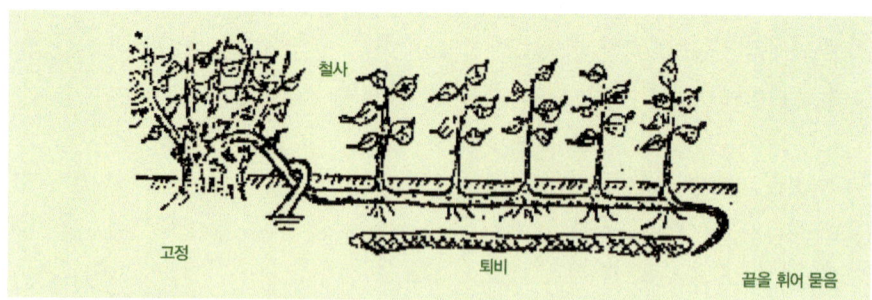

〈그림 1-3〉 휘묻이 방법

다. 접목법
(1) 실생법
- 실생법은 종자를 뿌려 묘목을 얻는 방법으로서 그 묘목을 실생묘 또는 실생이라 한다. 실생묘는 접나무(접목, 椄木)의 바탕나무(대목, 臺木)로 이용하는 것이 그 목적이지만 신품종의 육성을 위해서도 이용한다.

- 종자 채취 및 정선
  - 종자는 오디를 채취하여 2일 정도 용기에 담아 적당량의 물을 넣어 두면 과육이 부드러워진다.
  - 고무장갑을 착용하고 이 상태의 과육을 문질러 으깬 다음 물로 과육을 씻어 내고, 종자만 남을 때까지 반복한다.
  - 이 과정에서 물에 뜨는 종자는 제거하고 가라앉는 충실한 종자를 선별하여 신문지 등을 깔고 그늘에서 말린다.

종자용 오디 채취

잘 고르기 작업(정선작업)

종자 잘 고르기(정선)

종자 건조

〈그림 1-4〉 종자 채취 및 잘 고르기(정선)

- 묘재배지 준비 및 씨 뿌림(파종)작업
  - 준비된 10a당 완숙퇴비(1,000kg), 용과린(20kg), 요소(10kg)를 넣어 로터리 흙 갈이(경운) 후 토양과 잘 섞고 그 표면을 고르고 판자로 민 다음 가볍게 눌러준다.
  - 관리가 편할 정도의 너비로 두둑[v1]을 만들고 두둑 사이는 30㎝ 가량의 작업 통로를 둔다.
  - 씨 뿌림(파종)시기는 저장한 씨(종자)를 봄에 뿌리는 춘파(春播)와 수확하여 바로 뿌리는 하파(夏播) 2가지가 있다. 춘파는 5월중, 하파는 6월 하순경에 씨 뿌림(파종)한다[일반적으로 씨(종자) 채취 후 바로 씨 뿌림(파종)한다].
  - 일반적으로 씨(종자)를 채취하여 바로 뿌리지만, 장마가 오거나 하여 씨 뿌림(파종)시기가 늦어지면 질이 떨어지는 경우가 있으므로 주의하여야 한다.

묘재배지 준비작업 　묘재배지 준비작업 　판자로 정지작업 　씨 뿌림(파종)작업(15㎝ 간격)

빛 가림(차광)막 덮기(피복) 　종자싹트기(발아)(60일 후) 　실생묘 나서 자라기(생육)(120일) 　실생묘 생산

〈그림 1-5〉 실생묘 생산과정

Tip.

v1 두둑
논이나 밭 가장자리에 경계를 이룰 수 있도록 두두룩하게 만든 것

(2) 접목법

- 접목(楱木)이란 눈 또는 눈을 가진 줄기를 뿌리를 가진 줄기 또는 뿌리에 접착시켜서 생리적으로 독립된 새로운 식물체를 만드는 것을 말하는데, 전자를 접순(접수, 楱穗)이라 하고 후자를 바탕나무(대목, 臺木)라 한다.

- 접순(접수)의 채취 및 접목시기
  - 접순(접수)을 3월 상순~중순경에 채취하여 접목할 때까지 건조하지 않은 서늘한 곳에 보관한다.
  - 접목은 3월 하순경부터 4월 상순경에 실시하지만 임시심기(가식)할만한 장소로 따뜻한 곳이 있으면 시기를 앞당길 수 있다.

- 한눈뿌리접(일아근접) 방법
  - 접목법에도 여러 가지 방법이 있으나 일반적으로 많이 사용되는 것은 일아근접법(一芽根楱法), 즉 한눈뿌리접이다.
  - 접목재료 : 바탕나무(대목), 접순(접수), 접칼(접도), 접목용 면실
  (※ 실은 순수 면으로 된 약하게 꼬인 것을 사용한다.)
  ① 뿌리 윗부분의 부름켜(형성층)를 적당한 두께로 비슷하게 자른다.
  (※ 목질부가 포함되지 않도록 주의할 것)
  ② 목질부[1]가 포함되지 않게 눈을 채취한다. 〈그림 1-6〉의 A처럼 눈 윗부분에서 밑으로 자른 다음 눈 아랫부분에서 칼로 잘라 준다.
  ③ 잘라낸 눈을 뿌리 부분에 끼우고 눈 4㎜ 정도의 윗부분에서 바탕나무(대목)의 줄기를 잘라 낸다.
  ④ 눈 아래 부분이 있는 부위의 뿌리껍질에서 실을 3~4바퀴 감은 다음, 다시 눈 있는 곳에서 1~2바퀴 정도 감아 뿌리와 눈이 잘 밀착되도록 한다.
  ⑤ 그 후 다시 뿌리를 포함하여 1~2바퀴 감아준다.
  (※ 실을 감을 때 너무 강하게 감지 말 것)
  ⑥ 접목한 뿌리를 일정 단위(20개 정도)로 고무 밴드로 묶고 라벨 표시를 한다. 뿌리의 밑부분을 일정하게 잘라 준다.

〈그림 1-6〉 한눈뿌리 일아근접(一芽根接法) 방법

- 접목묘 임시심기(가식)
  - 접붙인 묘목은 묘포에 묻어 심지 않고 일시적으로 따뜻한 곳에 묻어 접착이 잘 되도록 한다. 이때 비닐하우스나 온실에서 접눈이 뿌리내려(활착하여) 싹트기(발아)할 때까지 임시심기(가식)한다.
  - 임시심기(가식)할 모래흙은 미리 물을 뿌려주어 습기를 유지시켜 준다. 접붙인 묘목은 모래흙 속에 세우고 접목묘의 끝이 묻힐 정도로 흙을 덮어준다.

Tip.

v1 목질부
속씨식물의 관다발 가운데 물관, 헛물관, 목부 유조직, 목질 섬유 따위가 집합한 조직

- 건조할 우려가 있을 때에는 비닐이나 부직포를 덮어주도록 하고 임시심기(가식) 중에는 물이 들어가지 않도록 주의한다.

• 묘목 심기 및 심은 후 관리
- 임시심기(가식) 후 기온이 낮을 때는 온도를 높이거나(가온) 부직포를 덮어 보온한다.
- 기온에 따라 다르지만 임시심기(가식) 후 15~20일 정도 되면 싹트기(발아)를 시작하는데, 이때 싹트기(발아)를 시작하는 것을 골라 묘포에 옮겨 심는다. 싹트기(발아)되지 않은 것은 다시 묶어 임시심기(가식)한 다음 일주일 정도 뒤에 다시 확인하여 심도록 한다.
- 심는 거리는 30×10㎝ 정도로 심으며, 자라는 중 수시로 제초를 하고 발육상태를 보아 웃거름을 준다.

고랑 만들기   접목묘 묻기   흙덮기(복토)   건조방지용 비닐 덮기(피복)

〈그림 1-7〉 접목묘 임시심기(가식) 작업

- 묘포는 잘 썩은 퇴비 1,000㎏과 3요소를 적당히 넣고 미리 준비해 둔다.
- 바로 뽕나무를 심어 가꿀 본포에 뿌리내리는(활착된) 접목묘를 심으면 묘목을 다시 옮겨 심는 노력을 줄일 수 있다. 또한 어린묘목을 키울 때 철저한 제초와 병해충 방제가 필요하다.
- 묘목이 뿌리내려(활착) 15㎝가량 자랐을 때 한 그루에서 새싹이 2개 이상 싹트기(발아)한 것은 강건한 싹 하나만 남기고 제거한다. 재배지 내에 바탕나무(대목)에서 자라나온 싹과 접목되지 않은 실생[vi]은 빨리 제거한다.

임시심기(가식) 후 30일 경과 / 싹트기(발아)가 한결같이 고른(균일한) 접목묘 / 싹트기(발아) 차이 / 접목묘 선별

〈그림 1-8〉 접목묘 뿌리내림(활착) 및 선별

구덩이 만들기 / 접목묘 묻기 / 흙덮기(복토)

이랑 만들기 / 심기(식재) 완료 / 싹트기(발아)(15일 후)

〈그림 1-9〉 접목묘 심기

나서 자라기(생육)(30일 후) / 나서 자라기(생육)(6개월 후)

〈그림 1-10〉 접목묘 가꾸기

Tip.

v1 실생
    씨가 싹이 터서 자란 유식물

뽕밭 만들기

뽕나무는 오래살이(영년생) 작물이므로 뽕나무를 심기 전에 뽕잎의 생산목표, 뽕밭의 재배법, 누에사육법 및 농가의 경영조건 등을 충분히 고려하여 계획을 세워 뽕밭을 조성함으로서 뽕밭 생산성을 높이고 경영의 합리화를 이루도록 하여야 한다.

가. 뽕밭조성 계획 및 설계

누에치기(양잠)의 경제적인 적정규모는 50a이며 전업에 적합한 규모는 1ha 내외이므로 적정한 규모의 뽕밭을 먼저 계획하는 것이 경영상 유리하고 경제적이다. 용도별에 따른 뽕밭 설계는 누에의 나이(영, 齡)에 따라 애누에 및 큰누에용으로 잠기에 따라 봄누에(춘잠) 또는 가을누에(추잠)전용 및 춘추겸용으로 나눌 수가 있으나, 주로 큰누에용 춘추겸용 뽕밭을 위주로 다수확 뽕 품종을 선정토록 한다. 그러나 애누에용 뽕잎 생산을 위한 뽕밭을 봄누에(춘잠) 및 가을누에(추잠) 각각 전면적의 10% 정도 별도로 조성토록 하며, 이때 올씨(조생 품종)인 청올뽕을 심도록 하는 것이 유리하다.

한편 밭이 경사 8도 미만의 경우는 평지심기법으로 하고, 15도 미만의 경사지는 등고선을 따라 평지심기법에 준하여 뽕밭을 만들고, 15도 이상은 반계단식 또는 완전계단식으로 조성한다. 또한 지형에 따라 배수로와 뽕나무 이랑의 방향을 정하고, 기계화 관리에 적합하도록 이랑의 길이(50m 정도가 적합) 및 폭(1.8~2.2m)을 결정한다.

나. 뽕나무 심기

(1) 심는 시기

뽕나무는 봄 또는 가을에 심으며, 11월 중순 이후 가을에 심는 것은 일손이 비교적 한가한 때에 심을 수 있는 이점이 있으며, 심은 뒤 흙과 뿌리가 잘 다져져서 이듬해 뿌리 발육에 도움을 준다. 그러나 겨울 동안에 언 피해(동해) 발생이 우려되는 지역에서는 이듬해 봄 해동이 된 후 3월 하순경에 심도록 한다. 언 피해를 받지 않을 경우는 심는 시기에 따라 나서 자라는(생육상의) 차이는 없다.

(2) 심는 거리 및 골파기

경운기를 주로 이용하여 뽕밭을 관리할 경우 두 줄 밀식뽕밭(넓은 이랑 너비 1.8m, 좁은 이랑 너비 0.6m, 그루사이 0.5m)으로 조성하는 것이 유리하다. 다목적 관리기를 이용할 때는 골의 너비를 1.2m로 하고 그루 사이를 0.4m로 하면서 한 줄로 배게 심는 것이 수확량이 많아 유리하다.

뽕밭의 구획이 크고 경사도가 7% 미만으로 완만한 평지일 경우 토지의 생산성보다 노동절약적 기계화가 필요한 1ha 이상의 대규모 농가는 트랙터를 이용하기 위하여 골의 너비가 최소한 2.4m가 되어야 한다. 이때 한 줄로 심을 경우 뽕밭 생산성이 많이 떨어지므로 뽕밭의 조건에 따라 좁은 이랑은 0.6m 간격으로 두 줄 심는 것이 좋다. 심을 이랑은 너비와 깊이가 45㎝ 이상 되게 골을 파둔다.

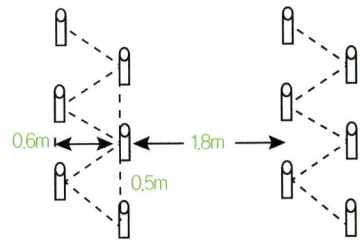 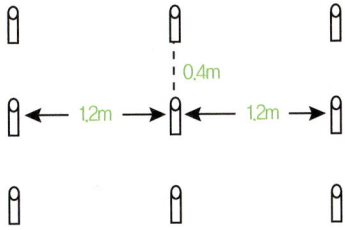

※밀식 뽕밭
① 비옥한 뽕밭에 적합
② 식재 거리 : (1.8+0.6)×0.5m 10a당 1,667주 식재
   두 줄로 심으며 지그재그 모양으로 하여 입지 공간 활용
③ 이랑 방향 : 남북으로 조성
④ 926/10a대비 40% 증수

※초밀식 뽕밭
① 비교적 척박한 뽕밭에서 기계화 관리에 적합
② 식재 거리
   1.2×0.4m 10a당 2,080주 식재
   지형에 따라 3~4열마다 작업통로 2.4m 설치
③ 이랑 방향 : 남북으로 길게 조성
④ 밀식 뽕밭에 비하여 35% 증수

〈그림 1-11〉 뽕밭 조성방법 비교

(3) 퇴비 및 비료 주기

뽕밭예정지는 일반적으로 입지 또는 토양의 조건으로 보아 불량한 경우가 대부분이다. 따라서 식재 전에 토양개량을 할 필요가 있으며, 이를 위해서는 먼저

심는 골을 깊고 넓게 파주어서 뿌리가 잘 뻗어 나가도록 토양물리성을 개량해 주어야 하며, 유기물원으로 퇴비를 단보[VI]당 1,500kg 이상을 넣어 준다. 잘 썩지 않은 퇴비를 넣을 때에는 퇴비량의 1.5% 정도 요소를 뿌려 주어 탄소율을 맞추어 주어야 한다.

한편 개간지에서는 인산질 비료가 수량에 크게 영향을 미치므로 단보당 밑거름으로 100~200kg을 주도록 한다. 또한 토양산성의 개량을 위해서는 단보당 석회를 200~300kg을 뿌려 넣어주고, 붕소 부족으로 봄눈이 안 트거나 잘 자라지 못하는 현상이 발생할 수 있으므로 단보당 붕사 2~4kg을 같이 뿌려준다.

(4) 심는 방법

이상과 같이 골파기 및 비료주기(시비)가 모두 끝나면 먼저 묘목을 다듬은 후 심는 거리에 맞도록 배열해 둔 다음 심어 나간다. 이때 두 줄의 뽕나무는 서로 엇갈리게 지그재그로 심는다. 속성 뽕밭[2]을 위해서는 아래 그림과 같이 묘목의 뿌리줄기 경계부(청수부)가 지표면에서 10㎝ 밑에 위치하도록 흙을 채우고 그루 주위를 잘 밟아 준 다음 흙으로 북을 주어 월동 중 언 피해(동해)를 받지 않도록 해 준다. 겨울이 지난 후 북을 준 것을 평탄하게 해준다.

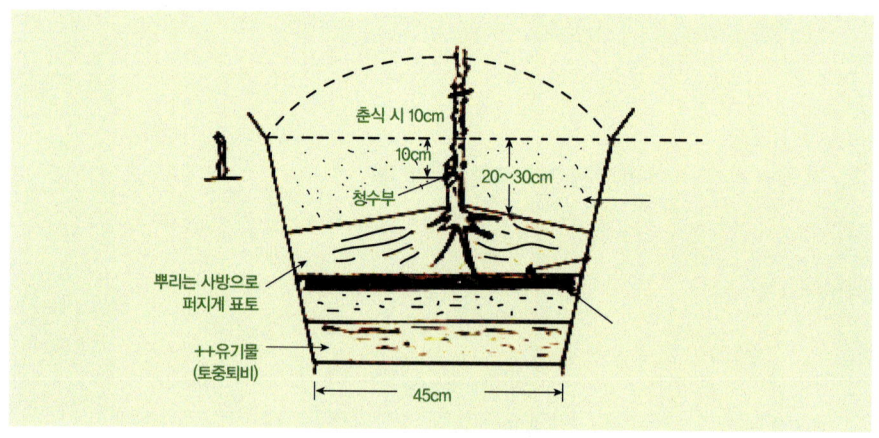

〈그림 1-12〉 뽕나무 식재 후의 모양

(5) 심은 후 관리

• 비료주기(시비) 및 잡초방제

뽕나무를 심은 후 이듬해 봄에 〈표 1-4〉와 같이 봄 비료를 준 다음 북을 주었던 흙을 해쳐냄과 동시에 김매기(제초)를 한다. 다음 〈표 1-5〉와 같은 방법으로 제초제를 비닐 덮기(피복) 이랑에 고루 살포한 다음 두께 0.02mm, 폭 120~150cm인 비닐로 좁은 이랑 위를 밀착하여 덮어주어서 토양온도를 높이고 수분증발을 막아서 적절한 수분을 유지토록 하여 뽕나무가 자라는 것을 촉진시킨다. 덮지(피복) 않은 이랑도 아래 표와 같은 방법으로 제초제를 살포하여 잡초의 피해를 방지한다.

〈표 1-4〉 밀식 뽕밭의 비료주기(시비)량(kg/10a)

구 분	성분량			실중량						퇴비 (추기낙엽 후)
				봄비료			여름비료			
	N	P	K	요소	용인 용과린	염화 가리	요소	용인 용과린	염화 가리	
심은 당년	25	11	15	17	17	8	38	38	17	1,500
2년차 이후	30	13	18	26	26	12	39	39	18	1,500이상

〈표 1-5〉 비닐 덮은(피복) 뽕밭의 제초제 사용방법(10a)

시기	구분	제초제명	사용량	살포수량	살포시
춘기	덮은(피복) 이랑	시마네수화제 알라유제 펜디메탈린유제	75g 150cc 75cc	60~80ℓ " "	4월 상순 덮기(피복) 직전
	덮지(피복) 않은 이랑	위 제초제의 배량		"	덮은(피복) 직후
하기		"		"	6월 상순

Tip.

v1 단보
땅 넓이의 단위. 단(段)으로 끝나고 우수리가 없을 때 쓴다. 1단보는 남한에서는 300평으로 991.74m²에 해당하나 북한에서는 30평으로 99.174m²에 해당한다.

v2 속성 뽕밭
뽕나무 묘목을 심은 후 수확까지 기간을 줄여 단시일 내 소득을 올리려는 목적의 뽕밭

- 순지르기

위와 같이 하여 자란 뽕나무는 생육조건이 좋아서 왕성하게 자라게 되며, 5월 하순 또는 6월 상순이 되면 뽕가지는 지상에서 30㎝정도 자라게 되는데 이때 지상 20㎝ 부위에서 순지르기를 하여 주면 여기에서 다시 2~3개의 싹이 나와서 많은 가지가 자라게 된다.

- 수확

식재 당년 여름 비료를 준 후 자란 뽕나무 가지의 길이가 가을에 1.5m 이상이면 지상에서 1m 남기고 중간 벌채가지 뽕 수확을 하며, 이듬해부터는 보통 뽕밭의 수확법에 따라 춘·추에 가지 뽕으로 수확하여 높은 낮추베기(저위예취) 형태의 뽕나무로 만든다.

(6) 밀식 뽕밭의 장점

밀식 뽕밭은 토양조건이 그다지 좋지 않은 조건에서도 〈그림 1-13〉에서 보는 바와 같이 관행에 비해며 40% 정도 다수확할 수 있으며, 식재 당년 비닐덮기(피복) 재배 및 순집기 처리로 식재 일 년 차부터 가지 뽕으로 수확할 수 있어서 뽕밭의 조속한 조성과 품줄여누에치기(생력양잠)를 가능케 하는 중요한 이점이 있다.

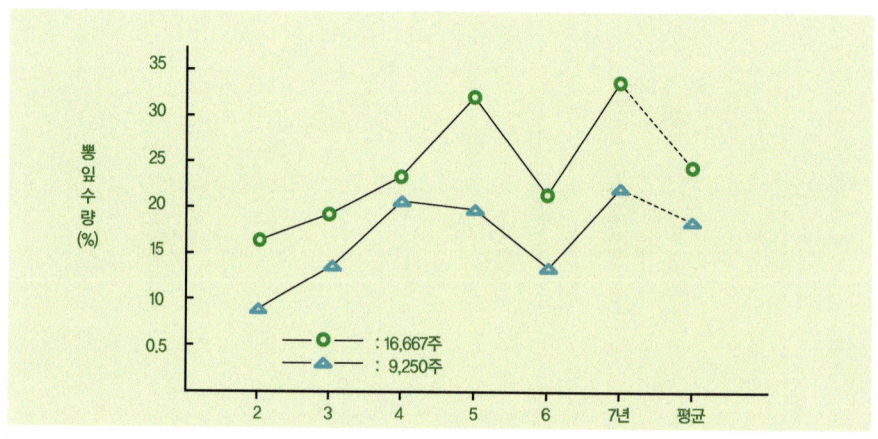

〈그림 1-13〉 밀식뽕밭과 관행뽕밭의 연차별 수량비교(ha당)

반면 밀식 뽕밭에서는 병해충 발생이나 잎의 성질(엽질)의 불량 등이 우려되나 철저한 방제와 거름 주어 가꾸기(비배관리)로 극복하여야 한다.

뽕나무 재해 대책

뽕밭에 발생하는 기상재해는 언 피해(동해), 서리피해, 가뭄해, 바람피해 등이며, 최근 이상기상으로 인한 기상재해는 종종 발생하여 수량의 감수와 잎의 성질(엽질)을 악화시켜 누에 사육에 나쁜 영향을 주는 요인이 되고 있다.

우리나라의 뽕밭에서 가장 큰 문제가 되는 기상장해는 월동기간 중 피해가 발생하는 언 피해(동해)와 늦서리 피해이다. 언 피해(동해)는 가지가 얼어 죽는 피해를 말하므로 그해 겨울의 저온정도에 따라 좌우되지만 최근의 뽕나무 재배가 다수확을 위주로 관리하여 많이 발생하는 측면이 있다.

따라서 언 피해(동해)의 방지를 위해서는 뽕밭을 만들 때부터 입지조건이 고려되어야겠지만 철저한 재배관리와 적절한 수확이 주요한 핵심이 된다.

가. 언 피해(동해)

(1) 피해증상

뽕나무 언 피해(동해)는 가지의 상단에서부터 중부에 걸쳐 또는 심한 것은 하단에 이르기까지 가지의 피부조직이 얼어 죽어서 결국 부패하거나 건조해 버리는 증상을 나타낸다. 한편 겨울눈 주위에 검거나 붉은 반점이 생기는 눈마름병의 증세를 나타내어 그 위가 말라 죽거나, 싹트기(발아)는 하지만 그 자람새가 불량한 경우도 있다.

(2) 언 피해(동해) 기구와 뽕나무의 내동성[v1]

언 피해(동해)는 식물조직의 세포가 0℃ 이하의 저온에서 동결하는 과정과 이것이 다시 녹는 과정에서 피해를 받게 되어 세포의 기능이 매우 약화되거나 죽게

Tip.

v1 내동성
추위를 잘 견디어내는 식물의 성질을 내동성이라 한다. 내한성과 같은 뜻이다.

됨으로서 발생한다.

그러나 월동작물은 어느 정도까지는 저온에 견디는 내동성을 가지고 있으며, 그 정도는 시기에 따라 다른데 뽕나무 내동성의 계절적인 변화를 보면 〈그림 1-14〉와 같이 늦가을에는 약하나 엄동으로 가면서 강해지고 이후 봄에 이르면서 차차 약해진다. 이와 같은 과정에 대하여는 여러 가지 학설이 있으나 시기에 따라 외부 온도 및 일장과 밀접한 관계를 가지면서 식물체의 내동성이 변하여서 가을수확 시기를 전후하여 전분, 당 등의 내동물질이 가지에 축적되면서 내동성을 획득하게 되고, 이러한 물질들의 체내변화에 의하여 매우 강한 내동성을 나타내게 되며, 이후 외부기온의 상승과 함께 내동성을 상실한다는 이론이 일반적이다. 식물체의 내동성은 체내 조직의 생리적 조건에 의하여 지배되며 먼저 체내 수분함량의 정도에 따라 좌우된다. 즉, 뽕나무 가지 내 함수량은 겨울에 저하되고 봄철에는 증가하며, 이와 같은 변화가 내동성의 증감과 관련한다.

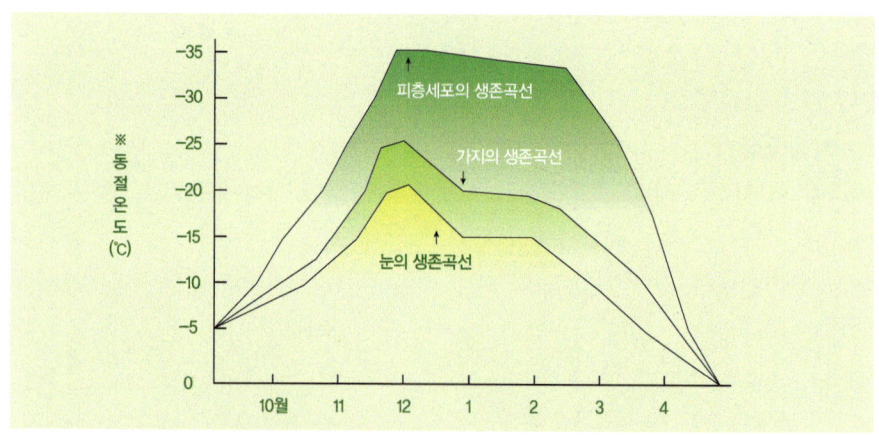

〈그림 1-14〉 뽕나무 가지, 눈, 피층세포의 내동성의 계절적 변화
※ 24시간 동결에 견디는 온도

(3) 언 피해(동해) 발생원인과 대책

• 뽕밭의 지세

뽕나무의 언 피해(동해)는 뽕밭의 지역적인 조건에 따라 기온의 차를 나타내어 피해 정도가 다르게 된다. 즉 표고의 높이에 따라서도 차이를 나타내지만 특히

산과 산 사이의 하천이 흐르는 골짜기(곡간) 하부에 위치한 뽕밭에서는 야간에 냉기류가 정체하게 되어 기온의 급강하 현상이 발생하여 피해가 가중된다.
따라서 하천이 흐르는 골짜기(곡간) 하부에 뽕밭을 조성하는 것은 신중을 기하는 것이 좋으며, 이러한 곳에서의 뽕나무 재배는 수확법을 달리하여 언 피해(동해) 예방에 더욱 힘을 기울여야 한다.

• 뽕 품종별 내동성

장려 품종 중에서 가장 내동성이 강한 품종은 용천뽕이며, 비교적 약한 품종은 대륙뽕과 수계뽕이고, 기타 품종들은 중간 정도의 내동성을 가지고 있다.
용천뽕은 내동성은 강하지만 수량이 적고 가을에 잎의 경화(굳어짐)가 빨라서 실용상의 문제점이 있으나, 수봉뽕은 수량도 많지만 내동성도 비교적 강하여서 피해를 경감시킬 수 있는 품종이다.

• 불합리한 비료주기(시비)

불합리한 비료주기(시비)로 인하여 뽕나무를 건실하지 못하게 하여 언 피해(동해)를 받게 되는 것은 당연하다. 즉, 유기질 비료를 충분히 주지 않을 경우, 질소질 비료를 과용 또는 편용하였을 경우〈그림 1-15〉와 여름베기(하벌) 후 나고 자라는(생육)기간 중 인분이나 누에똥(잠분) 등을 주었을 경우에 피해가 심하다. 그리고 여름 비료주기(시비)가 늦었을 때에도 피해를 받으므로 적절한 시기에 비료주기(시비) 등 합리적인 토양관리로 피해예방에 힘써야겠다.

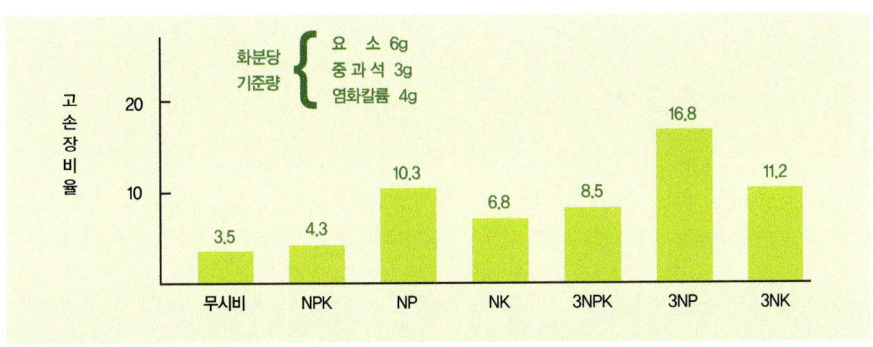

〈그림 1-15〉 비료주기(시비) 요소 및 비료주기(시비)량과 언 피해

• 과도한 수확

뽕나무 언 피해(동해)의 가장 근본적인 재배적 원인은 가을에 과도한 수확을 하는 것이다. 뽕나무는 가을에 잎에서 생산된 광합성 물질을 전분, 당 등 저장물질(내동물질)로서 가지에 저장하는 시기에 잎을 수확하게 되므로 수확을 지나치게 하면 가지에 저장물질(내동물질)이 부족하게 되어 심한 피해를 받게 된다. 즉, 〈그림 1-16〉에서 보는 바와 같이 가을 수확 때 가지윗부분에 다섯 잎을 남기고 수확하면 가지 끝 마름 비율이나 싹트지 못하는(불발아) 비율이 매우 낮으나, 남기지 않고 모두 따버렸을 경우에 이들의 비율이 각각 66%, 68%로 매우 높은 것은 과도한 수확이 심한 언 피해(동해)를 유발한다는 것을 잘 말해주고 있는 것이다. 한편 가을 중간벌채 수확 시 벌채하는 위치가 80㎝ 이하로 너무 낮게 자르면 여기에 남은 오래된 잎은 생산기능이 대단히 약하여 가지에 충분한 저장물질(내동물질)을 축적하지 못하게 되므로 피해를 받게 되는 경우도 많다.

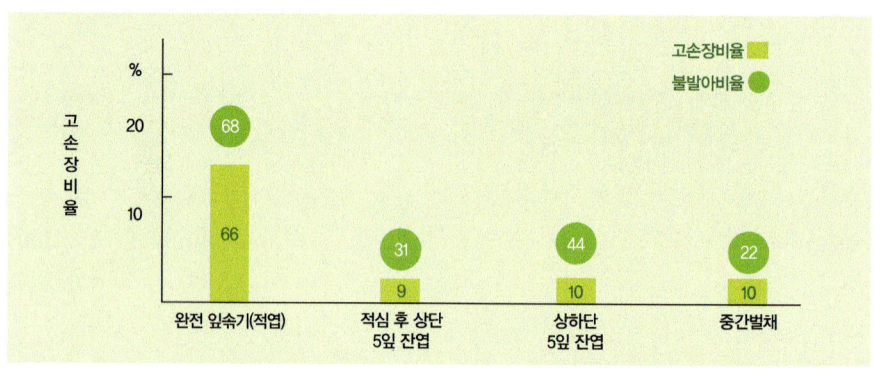

〈그림 1-16〉 잎 따는 정도와 가지 끝마름비율 및 싹트지 않는(불발아) 비율

그러므로 가을 수확 시 중간 자르는 가지의 높이를 1m 정도로 하고 윗부분에 다섯 잎 또는 그 이상의 잎을 남겨야 언 피해(동해)를 줄일 수 있다.

나. 서리피해

4월 하순과 5월 상순경에 뽕잎이 2~3장, 빠른 경우 4~5장 피었을 때 늦서리가 내려 연한 뽕잎에 결정적인 타격을 주는 피해가 최근 자주 일어나고 있으며, 계속 증가하는 기상이변으로 인한 뽕밭 서리피해는 더 자주 일어날 가능성이 크다.

(1) 피해증상

뽕잎은 -1.5℃ 정도에서 반쯤 피해를 받고 -2.5℃ 정도가 되면 완전히 얼어서 재생할 능력이 없어진다. 서리가 내린 후 뽕잎을 보면 데쳐 놓은 것처럼 풀이 죽어 있다가 햇빛이 나면 탄 것처럼 검은 색으로 변하면서 마른다. 새순도 데쳐 놓은 것처럼 변하고 밑으로 처진다.

(2) 눈의 생사 판단

서리가 내리고 3~4일 지나면 눈의 생사를 판단할 수 있게 된다. 서리만 내리면 겨울눈 전체가 다 죽지는 않으나, 냉기류까지 겹치면 전체가 다 죽는 경우가 많다.
새순을 보아서 가지로부터 나온 새순의 아랫부분까지 데쳐 놓은 것 같이 색깔이 변해 있고, 처져 있으며 잡아당길 때 새순이 쉽게 떨어져 나오면 눈 전체가 다 죽은 것이다.
생사를 판단하는 또 한 가지 방법은 껍질을 벗겨 보아서 눈 있는 부분이 갈색 또는 검은 갈색으로 변해 있으면 눈 전체가 죽어서 다시 싹트지(재발아) 않는다. -5℃ 이하의 냉기류가 긴 시간 영향을 주면 새순의 끝부터 얼음이 얼기 시작하여 새순을 타고 밑으로 내려가서 눈 전체를 다 얼게 하기 때문이다.

(3) 사전 대책

4월 하순부터 5월 상순 사이에 기상예보에 관심을 가지고, 서리가 내릴 것이라는 예보가 있으면, 다음과 같은 대책을 세운다.

- 뽕밭 주위에 10a당 10개소에 45kg 정도 왕겨, 나무, 뽕가지, 헌 타이어 등을 새벽 1~6시 사이에 태운다. 연기가 많을수록 피해가 줄어든다.
- 폐유나 중유를 2~3ℓ들이 깡통에 2ℓ씩 넣고 10a당 30개소에 놓아두고, 기온이 1℃로 내려갔을 때 불을 붙인다. 기름을 태우는 것은 뽕밭 표면에 가라앉아 있는 찬 공기를 위로 밀어냄으로써 위쪽의 비교적 따뜻한 공기를 밑으로 끌어내리는 대류현상을 유발하는 것으로 뽕밭내의 기온을 높이는 것은 아니다.
- 스프링클러 장치가 있는 뽕밭은 물을 뿌려서 잎과 가지에 묻도록 한다. 얼

음이 얼면 더 많이 죽을 것 같으나, 일단 얼음이 얼면 0℃ 이하로는 좀처럼 안 내려가기 때문에 피해를 훨씬 줄일 수 있다.
- 서리 방지 팬을 설치하여, 1℃ 이하가 되면 자동으로 작동할 수 있도록 해 두면 피해를 줄일 수 있다.

〈그림 1-17〉 서리 방지용 팬

(4) 사후 대책

생사판단을 하여 겨울눈이 모두 죽었다고 판단되면, 바로 봄베기(춘벌)를 해 준다. 늦게 벨수록 뽕나무는 양분의 소모가 커져서 세력이 약해진다. 빨리 베어 주면 새싹이 나와서 자라므로 그해 가을과 이듬해 수량이 많아진다.

생사판단을 통하여 겨울눈이 죽지 않았다면 곧바로 두 가지 조치를 취한다. 우선 단보 당 효과 빠른(속효성)비료 유안 16kg나 요소 7kg을 준다. 그리고 잎에 비료 주기(엽면시비)로 요소 0.5% 수용액을 새 잎이 2~3장 피었을 때 2일 간격으로 4회 뿌려준다.

(5) 서리피해를 받기 쉬운 조건

품종에 따라서 올뽕이 늦뽕보다 피해를 많이 받고, 낮추베기(저위예취)가 중간베기나 높이베기보다 피해를 많이 받으며, 전해에 비료 위주의 거름을 주어 가꾸기(비배관리)를 한 것이 유기물을 주어서 충실히 관리한 것보다 피해를 많이 받고 회복도 느리다.
왕겨, 볏짚, 비닐 등을 덮었거나 풋거름(녹비) 사이짓기(간작)를 한 경우에도 피해가 크다. 지세로는 주위가 산으로 둘러싸인 분지, 찬 공기가 쏟아져 내리는 계곡의 어구에는 특히 심한 반면, 약간 평평한 곳이나 구릉지의 경사면 등에서는 냉기류가 아래쪽으로 흘러 나가 피해가 가볍거나 없는 경우도 있다.
주위에 높은 나무, 건물이 있으면 현저히 피해가 적으며 호수, 저수지, 하천과 같은 것이 있는 곳은 서리의 위험이 적다.

다. 가뭄피해

가뭄은 수량과 질을 떨어뜨리는 피해를 준다. 수분이 모자라면 양분의 흡수도 정지되고, 정상적인 생리 작용이 일어나지 못하며, 잎이 시들고 심하면 낙엽이 될 뿐만 아니라 가지도 말라 죽는다. 잎의 크기도 작아지며, 두께도 얇아지고 굳어져 사료가치가 떨어진다.
물론 물을 대주는 것이 최상의 방법이지만, 그렇지 못할 경우 볏짚, 보리짚, 비닐 등으로 덮어주면 피해를 줄일 수 있다.
이 밖에도 고랑을 얕게 갈아주어 풀 메기를 겸해 모세관 연결을 끊어줌으로써 증발량을 억제시키면 피해를 줄일 수 있다.
특히 가뭄이 심한 시기에는 총체벌레와 명나방 발생이 심하므로 미리 예방해 주어야 한다.

2 뽕밭 토양개량 및 다수확재배

뽕밭 생산성 향상의 목표와 기본방향

가. 뽕밭 생산성 향상의 목표

누에치기(양잠)의 수익성을 높이기 위해서는 뽕밭 생산성의 목표를 다음과 같이 설정하는 것이 바람직하다. (단위 : kg/10a)

구 분	현 재	목 표
전국평균	50내외	70~80
표준농가	100	120
다수확농가	120~150	150~200

나. 문제점

(1) 뽕밭의 식재양식 및 수령

뽕밭의 식재양식은 보통식 낮추베기(저위예취) 뽕밭으로 병렬식 밀식 뽕밭과 보통 뽕밭이 있다.

보통 뽕밭의 경우 수령이 오래 된 뽕밭이 대부분으로 그 발육이 불량하다. 따라서 수량을 지배하는 가장 주요한 요인인 10a당 총 조장이 해가 갈수록 짧아지고 그 결과 생산성이 낮아진다.

(2) 뽕밭의 땅심(지력)과 물리화학성

• 뽕밭의 땅심(지력)

뽕밭 중에는 땅심(지력)이 약한 뽕밭이 많다. 처음 식재할 때 토양의 조건이나 입지가 불리한 곳에 심어진 경우나 충분한 유기질을 주지 않은 경우가 많기 때문이다.

- 물리화학성

뽕나무는 뿌리가 깊게 자라는 식물이지만 뽕나무를 심은 후 물리성을 개량하지 않아 뿌리의 발육환경이 악화되고, 토양이 산성화된 곳이 많다.

- 시비법의 불합리

뽕밭의 땅심(지력)이 계속 감퇴되어 가는데도 유기질 시여보다 금비 위주의 질소질이 편중된 비료주기(시비)를 하고 있으며, 비료주기(시비) 기준량이 잘 지켜지지 못하고 있다.

- 가지고르기(정지)법

뽕나무의 나무나이(수령)가 전반적으로 늙어감에 따라 뽕나무 그루가 병해충의 피해 등으로 고손(가지 끝마름)된 부분이 많아 유효 가지 수가 적고 가지가 고르지 못하다.

- 수확법

과도한 가지 뽕 수확 및 추기 잎슈기(적엽)로 인하여 언 피해(동해)가 발생하고, 이듬해 봄에 뽕 수량이 감소하는 농가가 많다.

다. 뽕 수량 구성요소와 수량 높이는 방안
(1) 수량을 구성하는 요소

- 수량
  - 총 가지 길이 × 단위 길이당 잎의 무게
    = (가지 수 × 평균가지 길이) × (잎 수 × 평균 잎 중량)
  - 수량 구성의 5요소
    - ① 잎 수(마디 사이 길이)
    - ② 잎 중량(잎의 크기와 두께) } 품종고유의 형질(불변요소)
    - ③ 가지 수
    - ④ 가지 길이
    - ⑤ 식재 그루 수 } 재배조건에 따라 변동(가변요소)

(2) 수량증가의 기본적인 방법
- 우량품종의 식재 : 마디 사이가 짧고 잎 무게가 무거운 다수성 품종
- 총 조장 증대를 위한 식재법 적용

라. 총 가지 길이 증대의 기본방향
(1) 유효 가지 수의 증가
- 식재 그루 수의 증가(신설: 속성 배게심기(밀식)화, 기설뽕밭: 묻어떼기(휘묻이)법에 의한 배게심기(밀식)화)
- 수관 면적[v1]의 확대(낮추베기(저위예취)→높은 낮추베기(저위예취))
- 거름 주어 가꾸기(비배관리)의 합리화(유기질, 석회, 다비 등)
- 자람새(수세)의 증진(봄베기 그루 높이기 및 그루 낮추기)

(2) 가지 길이의 증가
- 땅심(지력)증진 및 토양개량
- 비료의 증시
- 비료주기(시비)의 합리화
- 자람새(수세)의 증진
- 병해충 및 재해방제

Tip.

v1 수관 면적
일정 뽕밭 면적 중에서 뽕나무가 차지하는 면적으로 뽕밭의 생산성과 관계가 깊음

뽕나무 재배상의 특징

가. 뽕밭 생산성과 광합성

누에를 키우기 위한 뽕나무의 재배목적은 일정 면적에서 많은 뽕잎을 수확하는 것이므로 이를 위해서는 동화[v1]생산물의 총량을 증가시키는 것이 중요하다. 뽕잎을 생산하는 동화생산물의 대부분은 탄수화물이며, 이것은 뽕잎에서의 광합성 작용에 의하여 생산된다. 광합성은 잎의 엽록소에서 흡수된 광에너지에 의하여 CO_2와 물에서 탄수화물을 합성하는 것인데, 광에너지의 이용률은 1% 전후 정도로서, 잎 면적에서 광에너지의 이용효율을 높이기 위해서는 아래와 같은 재배상의 문제점을 생각해야 한다.

- 첫째 : 광에너지는 잎에 의해서 흡수되므로 잎 면적의 확대를 시도하는 길이다. 그러나 가지의 성장에 따라 잎 수도 증가해서 잎 면적이 확대되기 때문에 잎이 서로 가려서 광의 투과를 방해하는 결과가 되므로 잎이 너무 과도하게 번성할 경우에는 가지의 아래 잎은 광합성에 필요한 광이 부족한 결과를 초래하여 때에 따라서는 낙엽이 되는 등 수량의 증가를 막게 된다.
- 둘째 : 광에너지가 충분히 이용될 수 있도록 최적정 잎 면적을 장기적으로 유지하는 길이다. 이를 위해서는 식재밀도와 정지법을 개선함으로서 가지를 솎아 베어 광의 투과를 양호하게 할 필요가 있다. 또한 돌려가며 수확하는 방법(윤수법)과 솎아베기(간벌)는 광합성에 큰 효과를 가져올 수 있다.

나. 뽕나무의 생육상 특징

다수확을 목표로 합리적인 뽕잎 생산을 하기 위해서는 무엇보다 뽕나무 재배의 특징을 이해할 필요가 있다. 대부분의 작물은 뽕나무와 같이 생육 중에 있는 잎(동화기관)을 수확의 대상으로 하는 예는 비교적 적다. 모든 식물들은 성장기

Tip.

[v1] 동화
외부에서 섭취한 에너지원을 자체의 고유한 성분으로 변화시키는 일

에 많은 잎이나 줄기를 번성시켜 잎에서의 동화작용을 활발하게 해서 최종적으로 이용(수확)할 기관(종실이나 가지)에 대하여 동화생산물을 더욱 많이 배분시켜 식물이 자라는 것이다. 그러나 뽕나무는 한창 자라는 여름철에 두 번 이상의 잎을 따고 가지를 베어 수탈과 재생의 반복이 계속된다는 특징이 있다.
그 과정을 모형적으로 보면 아래 그림과 같다.

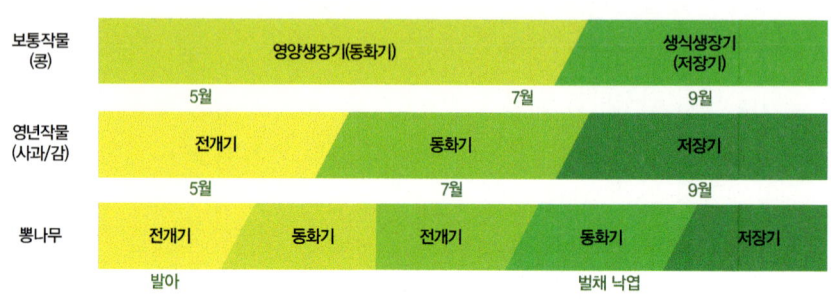

〈그림 1-18〉 작물별 나고 자람(생육)의 모형

일반적으로 뽕나무는 연중 전개기, 성장기, 저장기, 휴면기의 4기로 구분된다. 전개기는 잎이 전개하는 시기로서 이 기간의 성장은 가지나 뿌리에 저장된 양분에 의존하는 시기이다. 그 후 성장기는 전개된 뽕잎의 동화작용에 의하여 탄수화물을 비롯한 영양물질이 생산되는 시기로, 이 시기에 생산물이 많으면 다음에 전개하는 새잎의 자람이 촉진되어 확대 재생산이 이루어지는 시기이며, 만추가 되면 동화산물의 대부분이 다음해의 성장을 위해서 저장양분으로 저장되는 시기이다. 뒤이어 낙엽이 되면서부터 휴면기가 되어 저장양분을 소모하면서 겨울을 넘긴다. 이와 같은 4기의 나고 자람(생육) 중 성장기에는 벌채와 잎숦기(적엽)가 계속 가해져서 생리상으로 큰 타격을 받는다.

다. 벌채와 생리

벌채에 의하여 일어나는 생리적 영향은 일차적으로 뿌리와 그루에 나타난다. 하벌 후 뿌리의 상태를 관찰해 보면 벌채 직전의 뿌리 끝 부분(선단)이 백색을 나타내는 것이 보통이고 이때는 양분의 흡수가 이행되나, 벌채를 한 후에 4~5일이 경과되면 뿌리의 신장이 거의 정지하여 황색으로 변한 후 일시적으로 회복을 하다가 다시 갈색으로 갈변하면서 말라죽거나 탈락하며, 이때 뿌리의 호흡 작용도 크게 변화한다.

즉, 〈그림 1-19〉에서와 같이 뿌리 끝의 호흡량은 벌채 후 8~10일경까지 감소해서 벌채 전의 약 25%가 되지만, 그 후 14~15일경까지는 일단 호흡량이 증가하는 경향을 일시적으로 나타내다가 다시 감소하는데, 이 시기에 새로운 뿌리의 발생이 나타나 기존 뿌리를 대신하여, 지상부의 재성장과 더불어 양분과 수분의 흡수가 시작된다.

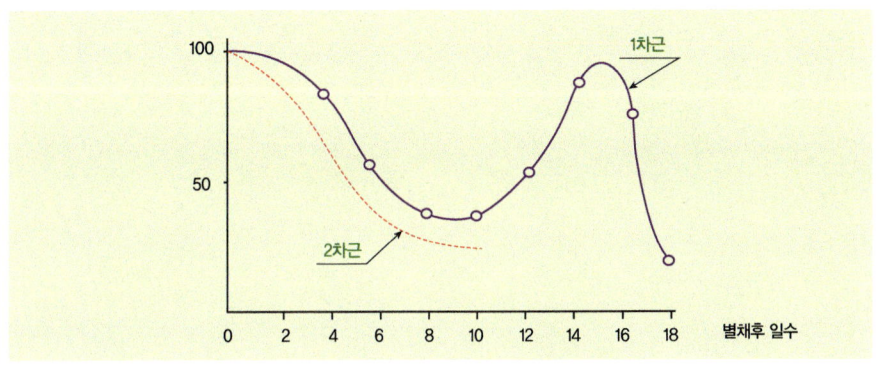

〈그림 1-19〉 벌채 후 뿌리 끝부분의 호흡량 변화

뽕밭 토양관리

가. 우리나라 뽕밭의 토양 특성

우리나라 토양의 밑바위(모암)는 주로 화강암 내지 화강편마암의 산성암이 풍화되어 생성된 토양으로 그 특성은 첫째 유기물 함량이 낮고, 둘째 토양반응이 강산성이며, 셋째 유효인산의 함량과 염기치환 용량이 낮으며, 넷째 토양의 물리성이 대개 불량하다는 점 등을 들 수가 있다.

나. 토양의 물리성

(1) 물리성과 뽕나무의 나고 자람(생육)

뽕나무는 뿌리가 깊게 뻗기(심근성) 때문에 뿌리가 정상적으로 발육하기 위해서 적당한 공기와 수분이 필요한데, 이 두 가지 요소를 지배하는 중요한 요인이 바로 물리적인 성질 즉, 토성, 토양의 치밀도 여부, 3상(三相: 흙, 공기, 물의 비율), 유효 흙깊이(토심) 등이다. 이것은 토양의 본래적인 성질로서 근본적으로 변경할 수 없으나 어느 정도까지는 인위적으로 개량할 수가 있다. 특히 뿌리의 발육환경은 바로 위에서 지적한 물리성에 크게 좌우되므로 식재 당시부터 이를 개선하는 데 역점을 두지 않으면 안 된다.

• 토성과 뽕나무의 나고 자람(생육)
뽕밭의 토성별 뽕잎 생산성은 사양토, 양토, 사토, 식토, 역토순으로 낮으며 토성에 대한 적용범위가 좁으므로 사토, 식토, 역토에서는 토양을 개량하지 않으면 다수확이 어렵다.

• 유효 흙깊이(토심)

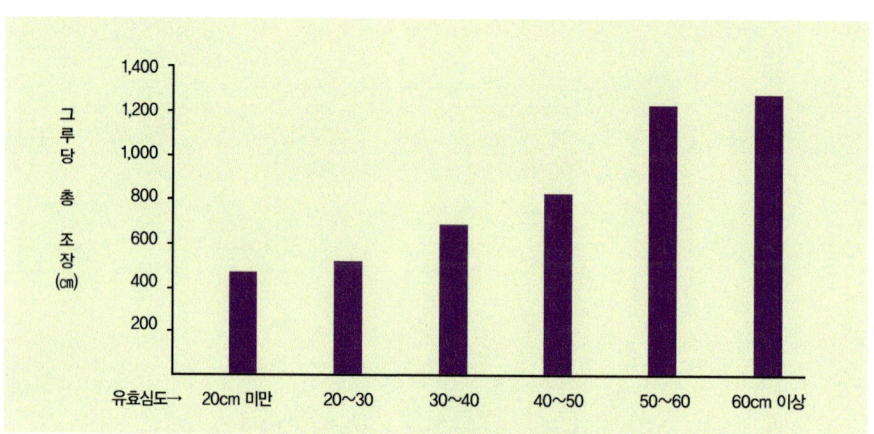

〈그림 1-20〉 유효 흙깊이(토심)에 따른 뽕나무의 발육

뽕나무의 뿌리가 정상적으로 분포하여 생장이 가능한 범위까지의 깊이를 말하는 것으로 ①지하수 위층 ②거친 순 모래 층 ③자갈 및 돌의 함량이 50% 이상인 층 ④토양 경도가 25㎜ 이상인 층 ⑤암반층이 없는 토양의 깊이를 말한다.
위 그림에서 보는 바와 같이 깊이가 60㎝까지 자라기 위해서는 60㎝까지 뿌리가 분포할 수 있는 환경을 조성하는 것이 필요함을 뜻하며, 단단한 땅에는 식재 시에 심는 구덩이의 깊이를 50~60㎝ 정도 깊게 파는 것이 이상적임을 뜻한다.

- 뽕밭 토양의 경도(굳음성)

뽕나무 뿌리가 정상적으로 뻗어나가지 못하는 원인 중 가장 큰 것이 토양의 경도(굳음성)이다. 이는 토양의 입자가 작고 치밀하게 밀착되어 땅속에 공기가 들어갈 작은 구멍이나 빈틈(공극)이 적고 물스밀성(투수성)이 낮은 경우를 뜻한다. 우리나라에 넓게 분포된 적황색 토양이나 암쇄토가 여기에 속하며, 뽕밭의 생산성을 크게 좌우하는 결정적 요인이 된다.

(2) 토양물리성의 개량
- 신설 뽕밭의 경우
  - 물리성이 불량한 땅에는 심는 구덩이를 될수록 크게(깊이 45㎝, 너비 45㎝ 이상) 파서 겉흙이 속으로 들어가게 심는다.

  - 구덩이를 크게 판 후 완숙 퇴비를 2.0톤 이상 넣거나, 그 외 거친 유기물을 충분히 넣어(10a당 1.5톤 이상) 물리성을 개량한다.

- 기존 뽕밭의 경우
  - 격휴로 경운을 되도록 깊이(30㎝ 이상)한 후

  - 유기물(볏짚, 보리짚, 퇴비 등)을 10a당 1.5톤 넣거나 완숙퇴비 2.0톤 이상을 넣는다.

  - 지하수가 높은 땅은 배수로를 설치한다.

  - 유기물 덮기(피복): 10a당 1.5톤 이상 거친 유기물로 덮는다.
    ※ 뽕밭 생산성 제한요인과 개량방법은 〈표 1-6〉과 같다.

〈표 1-6〉 뽕밭 토양의 생산성 제한요인과 그 개량방법   ●주수단, ▲보조수단

구분	제한요인	저해요인	심경	유기물	기타수단
물리성	표토가 얕음	표토 15cm 미만	●	▲	
	유토 토심 얕음	토심 50cm 미만	●	▲	
	찰흙(점토 등)	투수성, 기상율이 낮음	●	▲	●심토 파쇄, ▲배수로
	모래나 자갈땅	자갈 30% 이상	▲	●	●객토, ▲분시, 자갈제거
	반층토	깊이 30cm 이내	▲	▲	●반층 파쇄
	저습지	습해		▲	●배수로 설치
	가뭄피해	모래땅		▲	●관수, ▲유기물 피복
화학성	양분공급력	유기물 함량 30% 미만		●	
	토양반응	산도 pH 6.0 이하		▲	●석회시여

다. 토양의 화학성

토양의 화학적 성질은 인위적으로 개량할 수 있는데, 특히 비료의 이용률을 높이고 땅심(지력)을 유지하며 비료요소 간의 균형을 맞추어 뽕나무의 정상적인 발육과 엽질을 향상시켜야 한다.

(1) 우리나라 뽕밭의 화학적 특성과 개량목표

〈표 1-7〉 우리나라 뽕밭 토양의 화학적 특성과 개량목표치

구 분	산 도(PH)	유기물(%)	유효인산(PPm)	염화포화도(%)
개량 목표치	6.5	5.0	200	80.0
우량 뽕밭	5.8	1.9	173	80.4
불량 뽕밭	4.6	1.4	95	55.6
평 균	5.4	1.7	139	69.8

〈표 1-7〉에서 보는 바와 같이 우리나라 뽕밭은 대부분 유기물 함량이 적어 땅심(지력)이 낮고 토양 반응이 강산성이기 때문에 오는 제반 화학적 요인이 그 수량성을 높이는 문제점이 있다.

(2) 산성토양의 개량
• 산성토양의 특징

토양입자에 수소이온(H+)이 많이 붙어 있어 비료가 빗물 등에 씻겨 내려가기 쉽고 알루미늄, 철분, 망간 등과 같은 물질이 너무 많이 녹아나와 자람을 해치고 엽질도 불량해지며 이로운 미생물이 번식하지 않고 준 질소질 비료의 질산화 작용이 늦어 비료의 이용률이 떨어진다.

이와 같은 여러 가지 원인으로 비료의 흡수율이 세 요소 모두 40% 정도로 떨어지며, 토양 내의 미생물의 활동이 줄어들고, 유기질의 분해가 늦어 뽕의 수량 및 엽질에까지 나쁜 영향을 주게 되는 것이다. 〈그림 1-21〉

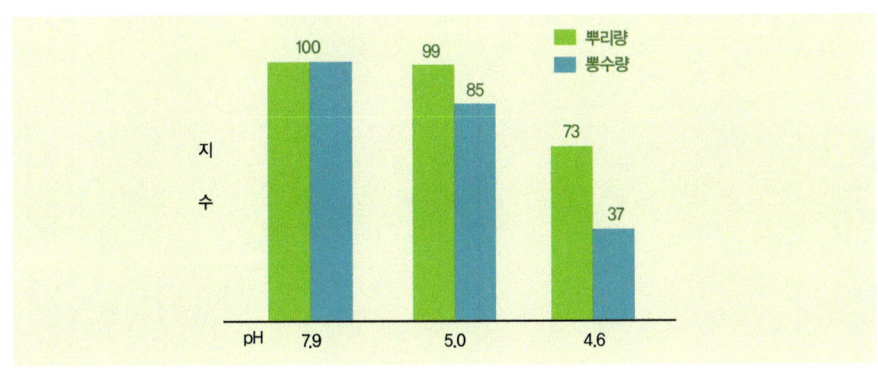

〈그림 1-21〉 토양산도와 뿌리량 및 뽕수량

• 산성토양의 개량방법

우리나라 토양은 산성이 강할 뿐만 아니라 유기물 함량이 적고 양이온 치환용량이 낮아 칼슘, 마그네슘 등의 염기성 물질이 녹아내려갔기 때문에(용탈되었기 때문에) 수소이온(H+)의 농도가 높아진 토양이다. 이와 같은 산성토양의 개량은 석회, 고토석회, 규회석, 용인 등을 추가하는 것이 있으나, 이 가운데 석회와 고토석회와 같은 염기성 물질이 가장 효과적이다. 먼저 시·군 농업기술센터에서 토양검정을 의뢰하여 석회 주는 양을 결정하는 것이 가장 확실하지만 그렇지 못할 경우 대개 10a당 200~300kg의 농사에서 쓰는(농용)석회를 주면 된다. 이 때 석회는 겨울동안 주되, 화학비료를 주기 2주일 전에 뿌린 뒤 흙과 잘 섞이도록 갈아주는 것이 좋다.

(3) 개간지의 토양개량
개간지 토양은 대개 ①산성이며, ②유기물 함량과 알칼리포화도(염기포화도)가 낮고, ③유효인산과 각종 양분이 부족한 경우가 많다. 따라서 용성인비를 100~150kg/10a를 주어 생산성을 크게 향상시킬 수 있다.

(4) 미량요소의 시여
뽕나무가 자라는 데 필요한 요소 가운데 앞에서 지적한 것 외에 붕소의 부족으로 인한 생리적 현상으로 뽕나무 가지 기부나 그루에 표면이 거칠어지는 현상이 나타나고 봄 싹트기(발아)가 불량한 경우 붕사를 연간 2~4kg/10a 뿌려 개량할 수 있다.

라. 유기물 함량의 증가(땅심(지력)증진)를 통한 토양개량
우리나라 밭 토양의 땅심(지력)은 전반적으로 낮으며 그중에서도 뽕밭의 땅심(지력)은 다른 밭토양보다 낮은 것이 사실이다. 토양의 '땅심(지력)'이라 함은 토양에서 생산성을 발현시킬 수 있는 잠재력을 총합적으로 나타내는 것이지만 주로 토양 내에 함유된 유기물의 함량이 주요한 하나의 지표가 되는 것이다. 따라서 땅심(지력)을 높이는 데는 무엇보다 토양 내 유기물의 증가가 필수적 요인이다.

(1) 땅심(지력) 증진 방법
뽕밭 10a당 1년간 자연적으로 소모되는 토양 내의 부식 양은 230kg으로서 퇴비로는 1,200kg에 해당하는 양이다. 따라서 이 양은 토양의 땅심(지력)을 유지하는 데 필요한 최소한의 양이며 땅심(지력)을 증진하기 위해서는 이보다 많은 양을 매년 투여하지 않으면 안 된다. 뽕밭에 투여하는 유기물은 다양하겠으나 다음과 같이 정리할 수 있다.

- 완숙된 퇴비나 구비 : 2,000kg 이상을 연간 가을갈이(추경)를 깊이 한 후 격휴로 넣고 묻어 준다.
- 간작으로 초생재배를 할 경우 : 뽕잎생산과 경합이 되지 않도록 베어(예취하여) 덮어주고 금비로 일반 뽕밭보다 10~20% 증시한다.
- 볏짚이나 보리짚 등으로 덮을(피복) 경우 : 격휴로 하되 10a당 1,500kg정도를 덮고 반드시 토양 살충제를 매년 살포해야 한다.
- 조대 유기물을 넣을 경우 : 완숙되지 않은 유기물은 일시적으로 토양 내의 질소부족 현상을 가져오므로 시여량의 2% 정도의 석회질소를 뿌려주고 이랑 사이를 깊이 갈아 묻어야 한다.

뽕밭 비료주기(시비)

뽕밭의 비료는 뽕잎의 수량뿐만이 아니라 품질에도 큰 영향을 주게 되므로 토양조건, 뽕나무의 재배방법 등에 알맞게 나고 자라는(생육) 단계에 맞추어서 적기에 주어야 한다.

가. 비료주기(시비)량

뽕밭의 비료주기(시비)량은 목적하는 뽕잎의 생산량과 토양조건, 뽕 품종, 수확방법 등 재배조건에 따라 결정되어야 하는 바, 생산 목표별 비료주기(시비) 기준은 〈표 1-8〉과 같다.

〈표 1-8〉 생산 목표별 비료주기(시비) 기준   (단위 : 10a)

목표수량	금비시여량(kg/성분량)	퇴비시여량(kg/10a)
	N : P2O5 : K2O5	
80~100	25 : 11 : 15	1,200
120 내외	30 : 13 : 18	2,000
150 이상	35 : 15 : 20	3,000

나. 뽕나무 생육단계와 비료주기(시비)

뽕나무의 나고 자라는(생육)단계에 알맞게 비료 주는(시비) 시기와 양을 결정해야 한다.

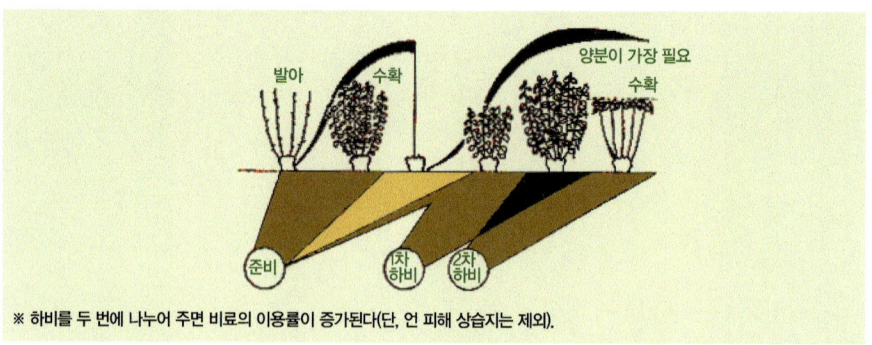

〈그림 1-22〉 나고 자라는(생육) 단계별 비료 주는(시비)시기

다. 비료주기(시비) 시기별 비료주기(시비)량과 효과

(1) 봄비료
- 적기 : 3월 중하순
- 비료주기(시비)량 비율 : 금비 비료주기(시비)량의 40%
- 효과 : 5~6개월부터 여름베기(하벌) 후 초기 생장

(2) 1차 여름비료
- 적기 : 여름베기(하벌) 직후부터 6월 중순
- 비료주기(시비)량 비율 : 40%(언 피해 상습지는 50~60%)
- 효과 : 가을애누에 및 큰누에 때 뽕 수량 및 엽질 향상

(3) 2차 여름비료
- 적기 : 7월 중하순
- 비료주기(시비)량 비율 : 20%
- 효과 : 가을누에 및 이듬해 봄누에 때 뽕 수량 증가와 엽질 향상

〈표 1-9〉 생산 목표별 비료주기(시비)기준   (단위 : kg/10a)

뽕밭종류	고치생산목표		춘비(40%)			1차하비(40%)			1차하비(40%)		
			요소	용과린 용성인비	염화 칼륨	요소	용과린 용성인비	염화 칼륨	요소	용과린	염화 칼륨
보통뽕밭	80~100		22	22	10	22	22	10	11	11	5
다수확 밀식뽕밭	1년생	50~60	17	17	8	38	38	17	–	–	–
	2년이후	120	26	26	12	26	26	12	13	13	6
다수확 밀식뽕밭	150		30	30	13	30	30	13	16	16	8

※ 밀식뽕밭의 1년생은 밑거름 30%, 여름비료 70%

라. 비료주기(시비)방법

(1) 뽕나무 심은 그 해

묘목에서 10~15㎝ 정도 떨어진 곳에 얕게 골을 파고 비료를 준(시비) 후 묻어주며, 2년 차부터는 그루에서 약간 떨어진 곳에 골을 파고 비료를 준(시비) 후 묻어준다.

(2) 평탄지

식재 후 3년 이후는 3요소를 골고루 배합한 뒤 토양 전면에 뿌리고 겉흙과 섞이도록 경운기 로타리 작업을 하거나 쇠갈퀴 등으로 긁어준다. 모래나 자갈밭 등에는 골을 파고 비료를 준(시비) 후 묻어준다.

(3) 경사지

비료의 유실을 막기 위해 계단 뒤쪽에 골이나 구덩이를 파고 비료를 준(시비) 후 약간 덮어준다.

마. 뽕밭의 엽면 비료주기(시비)

(1) 잎에 뿌리기(엽면살포)의 필요성

가뭄이 심한 해나 뿌리가 습해를 받아 뿌리의 기능이 약화되었을 때, 홍수나서리의 피해를 받아 잎이 심하게 피해를 받았을 때 잎에 뿌리기(엽면살포)를 하면 효과적이다.

(2) 살포방법

요소의 농도는 0.5%(물 18ℓ당 요소 90g)로 10a당 100~200ℓ정도로 2~5회 살포하되 해 진 후나 이슬이 마르기 전에 하는 것이 좋다. 늦어도 누에 사육 1주일 전에 끝내고 큰누에 때에 이용하는 것이 안전하다.

뽕나무 정지법

뽕나무는 원래 자연 상태로 크게 자라는 성질(교목성)을 가진 나무이다. 그러나 질 좋은 뽕잎을 더 많이 생산하기 위하여 나무의 모양을 만들고, 그루의 기능을 유지·증진시키며 가지의 수나 자람새(수세)를 좋게 하기 위하여 정지법은 매우 중요하다 할 수 있다.

가. 정지기술의 기본원칙

(1) 정지기술의 요점

정지방법은 아래 몇 가지 점에 유의해야 한다.

첫째, 그루 주면의 크기와 뽕잎 수량과의 관계는 주면이 클수록 수량이 많은데, 이것은 수관면적이 유효 가지 수를 좌우하는 직접적인 요인이 되기 때문이다.

둘째, 그루 사이나 가지 사이에 경쟁이 일어나지 않도록 입지공간을 잘 배치하여 가지의 나고 자람(생육)을 고르게 해야 한다.

셋째, 가지벌채의 시기나 방법을 적절히 하여 충실한 원줄기를 만들어서 장기적으로 뽕잎의 생산이 안정되도록 하고, 수확이나 병해충 방제, 뽕밭관리 등을 쉽도록 한다.

(2) 정지의 강약

정지를 할 때 가지를 자르는 길이에 따라 자른 뒤 가지의 수와 자람새(수세)가 달라지므로 유의해야 한다.

- 강정지 : 가지의 길이를 짧게 남기고 자르는 방법으로 새로 나오는 가지 수는 적지만, 세력이 강하고 잔가지나 처진 가지가 적어서 쓸 수 있는 가지 수의 비율이 높다. 이 방법은 유권식으로 나무 모양을 만드는 데 알맞은 방법이다.

- 약정지 : 가지의 길이를 길게 남기고 자르는 방법으로 자른 뒤 가지 수는 많이 나오지만 그 가지가 다 같이 왕성하게 자라지 못하고 가지의 일부가 잔가지나 처진 가지가 되는 수가 많다.

이상의 두 가지 방법은 절대적인 기준이 있는 것이 아니기 때문에 아래 표를 참고로 하여 정하는 것이 좋다.

〈표 1-10〉 생산 목표별 비료주기(시비)기준

항 목	짧게 잘라야 할 경우	약간 길게 잘라야 할 경우
그루 모양 만들기	주먹모양식 정지 (유권식)	마디 사이 짧은 백상계 품종 (무권식)
수 령	늙은 나무	어린 나무
벌 채 시 기	여름베기	봄베기
가지굵기	잔가지	굵은 가지
뽕 품 종	마디 사이 짧은 백상계 품종	마디 사이가 긴 산상 또는 노상계 품종

(3) 가지의 위치와 자르는 정도

뽕나무는 가지를 자르는 위치에 따라서 자람의 정도가 달라지는데, 자른 가지의 위쪽 눈에서 나오는 가지가 왕성하다. 이와 같은 현상은 정단우세현상[v1]이 나타나기 때문이다.

Tip.

[v1] 정단우세현상
가지를 자른 후 다시 그 가지로부터 나오는 새 가지는 위쪽의 것일수록 세력이 강하여, 길게 자라서 가장 위의 가지군(群)을 100이라 할 때, 다음 것들은 80, 가장 아래의 가지군은 50 비율로 자라는 현상을 말함

(4) 분기하는 각도와 가지의 발육

가지의 분기각도는 가지에서도 밑의 것일수록 옆으로 퍼지고 위쪽으로 갈수록 각도가 좁아진다.

나. 그루모양 만들기 방법

뽕나무의 정지법에는 원줄기의 상단에 주두의 모양을 만드는 방법에 따라 유권식과 무권식으로 나눈다.

(1) 주먹모양(유권식) 정지와 일반모양(무권식) 정지

• 주먹모양(유권식) 정지

이 방법은 벌채수확을 할 때마다 가지기부에서 바싹 잘라(1㎝ 미만) 숨은눈을 이용함으로써 암술머리(주두)가 주먹모양을 만들어 나가는 방법을 말한다.

이 방법은 ①전체 가지 수에 대한 유효가지 수의 비율이 높다. ②그루 모양을 만드는 데 큰 기술이 필요하지 않다. ③수확노력과 병해충의 방제가 쉽다는 장점이 있는 반면에 숨은눈을 계속 이용하기 때문에 생리적으로 자람새(수세)를 해치기 쉽다는 단점이 있다.

이 방법은 정지 기술이 높지 않은 농가에 알맞은 보편적인 정지 방법이다.

• 일반모양(무권식) 정지

가지벌채를 할 때마다 그 기부에서 몇 개의 정상 싹을 자라게 하기 위하여 5㎝ 정도를 남기고 잘라 주먹모양을 만들지 않는 방법이다.

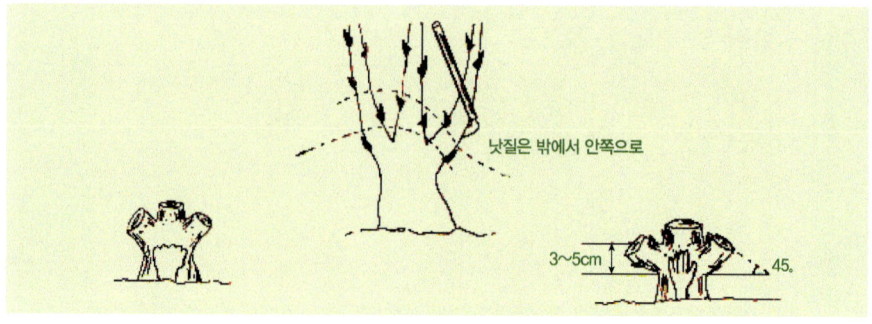

〈그림 1-23〉 주먹모양(유권식)과 일반모양(무권식) 정지법

이 방법의 장점은 ①정상 싹을 계속 이용하므로 뽕나무의 생리에 유리하다. ②자르는 길이가 길어서 가지 수를 많게 할 수 있다.
단점으로는 ①가지 수가 많으나 재배조건이 좋지 못하면 가지의 발육이 떨어져 못 쓰는 가지 수가 많아진다. ②상당한 정지 기술이 필요하며 수확 노력이 많이 든다. ③그루 모양이 난잡하기 쉽고 병해충 방제가 곤란해진다. 따라서 이 방법은 농가의 정지 기술이 높고 땅심이 높은 토양조건에 알맞은 재배법이다.

- 낮추베기(저위예취) 나무모양 만들기 순서
- 심은 당년

뽕나무를 심은 뒤 10㎝ 내외 높이로 잘라준다. 심은 후 비닐을 덮을(피복할) 경우 새순이 30㎝ 정도 자랐을 때 20㎝ 높이에서 자르며, 0.8m 정도 높이에서 가을누에(추잠) 말기나 만추잠(늦가을누에)기에 벌채수확한다.

- 2년째

식재당년 자람새가 1.5m 이하로 불량할 경우, 봄에 싹트기 전에 가지의 기부에서 눈 3~4개(개량뽕이나 청일뽕의 경우 2~3㎝)만 남기고 싹트기(발아) 전 벌채를 하고, 지난해 가을 자람새가 좋아 수확한 뽕나무는 봄 수확과 동시에 지난해 순집기 후 자란 새 가지의 기부에서 바싹 자른다. 가을누에(추잠)기에는 잎따기(적엽)를 하거나 1.0m 높이에서 중간 벌채수확한다.

- 3년째 이후

봄에 뽕을 수확할 때 주먹모양(유권식) 정지로 나무모양을 만들 때는 가지기부에서 1㎝ 미만으로 바싹 자른다.

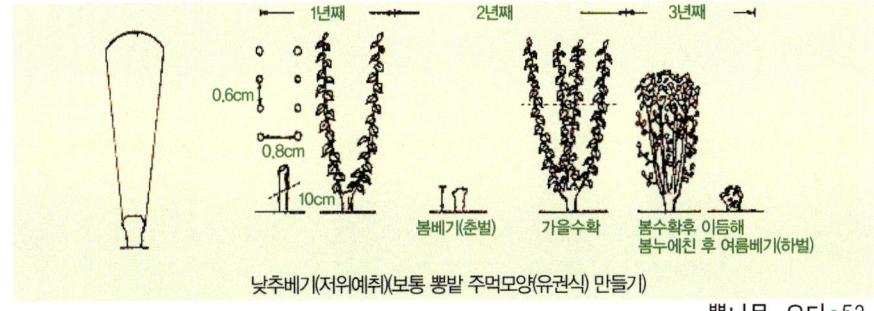

낮추베기(저위예취)(보통 뽕밭 주먹모양(유권식) 만들기)

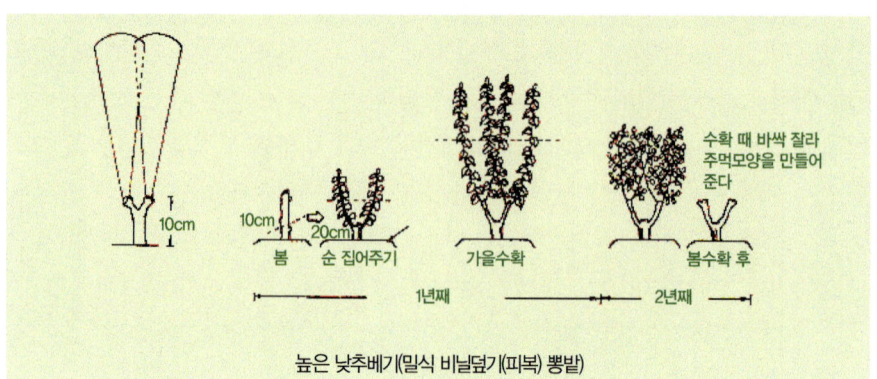

〈그림 1-24〉 낮추베기(저위예취) 나무모양 만드는 법

다. 노후뽕밭의 수형개조
(1) 그루 높이기
- 대상 뽕밭

뽕나무의 그루가 거의 땅에 붙어서 그루가 난잡해지고 부분적으로 썩거나 병이 들어서 수분이나 양분의 흡수력이 떨어져 잔가지가 많고 가지의 자람새가 고르지 못한 뽕밭은 그루를 높여 주어야 한다.

- 그루 높이기의 이점

그루를 높여서 자람새(수세)를 갱신하면 다음과 같은 이점이 있다.

현재 낮추베기	그루를 높인 후 낮추베기 이점
가지 수가 적다. 가지가 고르지 않다. 뽕의 손실이 많다. 작업능률이 낮고 힘들다. 뽕 수량이 적다.	가지 수가 증가한다. 가지가 고르게 자란다. 뽕의 손실이 적다. 작업능률이 높고 쉽다. 뽕 수량이 증가한다.

- 그루 높이기 방법

그루를 높이는 방법에는 봄베기(춘벌) 때 높이는 방법과 여름베기 때 높이는 방법으로 나눌 수 있다.

- 봄베기(춘벌) 때 높이는 방법

봄에 싹트기 전에 높이고자 하는 가지 4~5개를 20~30m 높이로 베고 나머지 가지는 전부 기부에서 잘라 버리면 되는데 이 방법은 봄누에 사육을 못하는 결점이 있다. 이와 같은 결점을 없애기 위하여 한 그루에서 4~5가지를 20~30㎝ 높이에서 벤 후 남은 가지는 그냥 두었다가 봄누에를 치면서 수확할 수도 있다.

- 여름베기(하벌) 때 높이는 방법

뽕나무의 수령이 어리고 자람새(수세)가 비교적 좋으면서 심은 거리가 지나치게 넓거나 가지 수가 적은 뽕밭에 한다. 여름베기(하벌)할 때 잔가지는 기부에서 모두 잘라 수확을 하고, 자람 정도가 좋은 5가지를 가지 아래쪽에 새순을 많이 나게 하기 위하여 봄 싹트기 전에 미리 80~100㎝ 정도 잘라주면 효과적이다.

(2) 그루 낮추기 방법

- 대상뽕밭

뽕나무를 낮추베기(저위예취)로 가꾸면서 차츰 그루의 높이가 높아지고 암술머리(주두)가 난잡해져서 원줄기의 세력이 약화되며 가지 수가 적어지고 그 자람새(수세)가 차츰 떨어지는 뽕밭이다.

- 방법

그루를 낮추는 원줄기를 땅 표면 3~5㎝ 높이에서 봄 싹트기 전(3월 중순 이전)에 잘라준다. 이때 뿌리 부분에서 새순이 나올 때 애바구미[v1]가 가해할 우려가 많으므로 그루 주위에 토양살충제를 4월 초순경에 뿌려준다.

뽕 수확법

뽕의 수확방법은 뽕밭의 용도, 정지법, 누에 사육 시기 및 방법 등에 따라 다르

Tip.

v1 애바구미
뽕나무 애바구미, 흰점박이꽃바구미라고도 한다. 바구밋과의 곤충. 몸의 길이는 0.7~1cm이고 타원형이며, 검은색이다. 몸의 아래쪽과 다리에는 누런 비늘털이 많고 등에도 누런 비늘털로 된 얼룩무늬가 몇 개 있다. 한국, 일본, 중국 등지에 분포한다.

나 뽕나무는 오래살이(영년생)이므로 뽕나무의 자람새(수세)를 유지하면서 계속 많은 뽕잎을 생산하려면 뽕나무 생리에 알맞은 수확기술이 필요하다.

가. 애누에용 뽕 수확

(1) 필요성

봄누에 때의 애누에용 뽕은 별도로 가꿀 필요가 없으나 가을누에 때는 별도로 가꾸는 것이 필요하다. 그 이유로는

- 가을누에의 누에되기(잠작) 안정상 좋은 엽질의 생산이 가능하다.
- 뽕 수확의 노력절감을 위해서 집약 관리 및 수확이 가능하다.
- 큰누에 때 가지 뽕 수확을 할 경우도 모든 가지의 위쪽에서 뽕을 수확하지 않으므로 가지 뽕치기에 효과적이다.
- 뽕의 생리상 유리하고 증수의 방법이 된다.

(2) 순질러 새순 기르기

- 대상품종 : 개량뽕, 청일뽕
- 처리시기 : 가을누에떨기, 25일전
- 방법 : 가지 선단을 10~15cm 자른 후 상반부의 잎을 따준다.

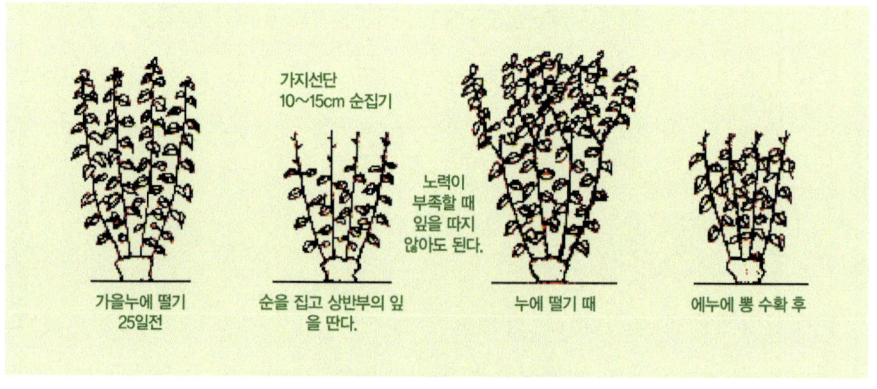

〈그림 1-25〉 순질러 새순 기르기 방법

(3) 애누에용 뽕밭관리
- 뽕밭의 선택 : 땅심(지력)이 높고 가뭄이 타지 않는 양지 바른 곳
- 토양의 수분유지 : 가물 때 관수가 가능한 곳이 이상적이다. 그렇지 못할 경우 퇴비를 2통/10a이상 넣고 볏짚으로 덮는다(피복).
- 시비법 : 가급적 유기물을 많이 넣고 금비량을 줄이되 특히 질소의 양을 줄인다.

나. 큰누에 가지 뽕 수확
(1) 수확하는 부위에 따른 가지 뽕 수확법
- 기부 벌채

뽕 가지를 싹트기(발아) 전이나 여름베기(하벌)할 때 한꺼번에 기부에서 수확하는 방법으로, 봄누에(춘잠) 큰누에 때에 수확하는 방법이다.

- 솎아베기(간벌) 수확

가지의 일부만을 기부에서 잘라 수확하는 방법으로 뽕나무가 왕성하게 자라는 시기에 많은 가지 중 일부 가지(잔가지와 정상가지의 1/3 이내)를 자름으로써 다른 가지의 자람을 촉진하는 이점이 있는 반면, 수확 노력이 많이 드는 것이 흠이다.

- 중간 벌채 수확

뽕나무가 자라는 기간 중에 가지의 중간을 잘라 수확하는 방법으로 가을누에(추잠)기와 늦가을누에(만추잠) 큰누에 때의 가장 보편화된 가지 뽕 수확법이다.

- 벌채 시기와 다시 싹트기(재발아)

뽕나무가 자라는 기간 중에 가지를 베면 자연 가지 위쪽 겨드랑눈에서 다시 싹트게(재발아) 되는데, 9월 5일 이후(수원 지방)에 벌채하여 다시 싹트게(재발아) 되는 정도는 이듬해 봄 수량에 큰 지장이 없는 것으로 알려지고 있다. 참고로 다시 싹트기(재발아)가 전혀 되지 않는 한계 시기는 중북부 지방은 9월 20일경이고 남부 지방은 9월 25일경이다.

- 벌채 정도와 이듬해 봄 수량

중간 벌채 수확을 할 때 기부에서 짧게 수확할수록 당년 가을 수량은 많지만 이듬해 봄 수량이 줄기 때문에 평균가지 길이가 2m 정도 자란 뽕나무는 1m 정도 높이에서 벌채 수확하는 것이 뽕 수량이나 가지 뽕 누에치기에도 알맞다.

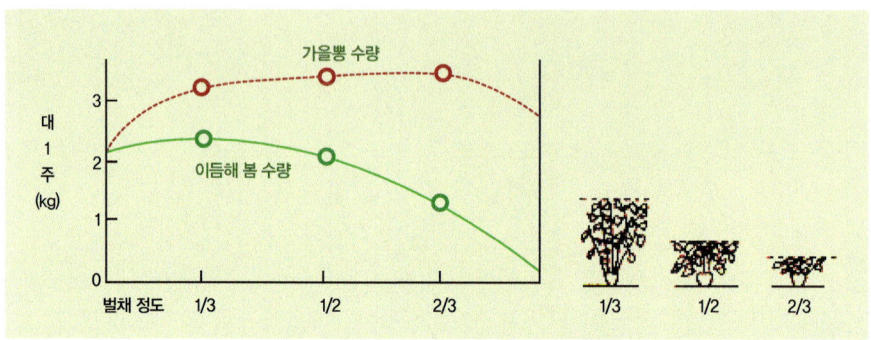

〈그림 1-26〉 가을 벌채 정도와 이듬해 봄 수량

- 벌채 후 남은 가지의 뽕따기와 이듬해 봄 수량

중간 벌채 수확 후 남은 가지 위쪽에 적어도 다섯 장 이상의 뽕잎을 남기지 않으면 이듬해 봄의 뽕잎 수량이 크게 줄어들게 되므로 반드시 다섯 장 이상의 잎을 남겨야 한다. 이때 남은 잎은 엽록소가 많아져서 뽕잎의 색이 더 푸르게 되고 잎 면적당 물질 생산량이 크게 늘어나 저장양분이 많아진다.

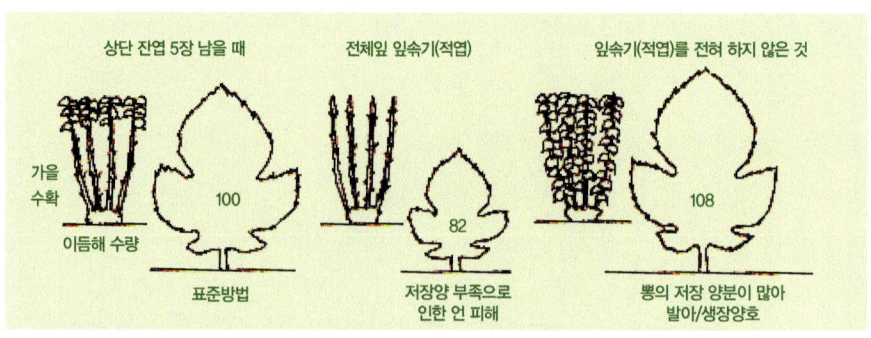

〈그림 1-27〉 벌채 후 남긴 잎과 이듬해 봄 뽕 수량

- 그루높혀 베기

봄 싹트기(발아) 전이나 여름베기할 때 가지를 기부에서부터 20~30㎝ 높여 자르는 방법으로 낮추베기의 수형 개조와 자람새(수세) 갱신 방법이 되고 있다.

(2) 수확시기에 따른 벌채법

- 봄베기(춘벌)

여름이나 가을누에 전용 뽕밭의 기본형식으로 봄 싹트기(발아) 전에 자르는 방법이다. 이 방법은 자른 뒤에 그루나 뿌리의 양분을 약 1개월 간(지역과 기상조건에 따라 다름) 소모하는 '의존생장'에서부터 새로 나온 새 가지에서 양분을 생산하여 가을까지 '독립생장'을 계속하므로 뽕나무의 그루나 뿌리의 저장양분이 크게 축적되어 자람새(수세)가 회복된다.

- 여름베기(하벌)

봄가을 누에 겸용 뽕밭의 기본형식으로 봄에 가지 뽕으로 자르는 방법이다. 이 방법은 봄에는 묵은 뽕가지에서 일제히 새순이 나와서 가지나 그루 및 뿌리의 저장양분을 소모한 뒤 새로 나온 새순으로부터 양분을 저장할 시간적 여유도 없이 자름으로서 다시 그루와 뿌리의 저장양분으로 상당기간(벌채 후 30~40일) 의존생장을 하다가 독립생장으로 옮겨감으로써 뿌리나 그루에 생리적 장애를 주게 되고 뽕나무의 자람새(수세)는 점차 떨어지게 된다.

- 돌려 거두기법

위의 두 가지 방법을 일정기간을 주기로 하여 적당한 면적비율로 조합하는 형식에 따라 1춘1하법(한해는 봄베기(춘벌)를 하고 한해는 여름베기(하벌)), 1춘2하법(한해는 봄베기(춘벌), 두해는 여름베기(하벌)) 등이 있는데, 1춘2하법이 보편적으로 보급되고 있다. 이 방법은 봄 뽕 수량보다 여름이나 가을누에 때의 뽕 수량이 많으며, 자람새(수세)가 약한 뽕나무의 경우는 봄베기(춘벌)로써 자람새(수세) 갱신이 되어 증수 되는 수도 많다.

다. 가지 뽕 수확법
(1) 가지 뽕 수확 뽕밭의 요건
- 뽕 품종 : 발조수가 많고 직립성이며 마디사이(절간)가 짧고 잎이 중간정도 크기의 품종으로서 개량뽕, 청일뽕이 가장 알맞다.
- 발육정도 : 뽕나무 가지의 평균 길이가 적어도 2m 정도는 되어야 봄누에 (춘잠)기에 다 같이 효율적인 가지 뽕치기를 할 수 있다.
- 가지 수가 많은 정지법을 택하고 가지가 너무 굵지 않고 균일하도록 재배하는 것이 바람직하다.

(2) 연간 2회 가지 뽕 수확법
- 봄누에 큰누에 때

봄누에 큰누에 때 가지 기부에서 벌채 수확한다. 만일 지난해 가을 1m 높이에서 중간 벌채를 하더라도 뽕 수량이 줄지 않는 이유는
① 봄에 싹트기(발아)가 빠르고
② 싹트기(발아)되지 않는 눈의 비율이 낮아지며
③ 싹트기가 (발아)된 새순은 발육이 왕성하기 때문에 수량이 줄지 않는다.

- 가을누에 큰누에 때
① 잔가지나 처진 가지 : 솎아베기(간벌) 수확
② 정상가지 : 2m 정도 자랐을 때 1m 높이에서 수확하고 중간 벌채한 뒤 남은 가지의 위쪽에 잎은 적어도 5장 이상 남긴다. 다만 대규모 누에치기(양잠) 농가의 경우 중간 벌채 수확 후 뽕잎을 잎솎기(적엽) 수확하지 않을 경우 0.8m만 남기고 수확할 수 있다.

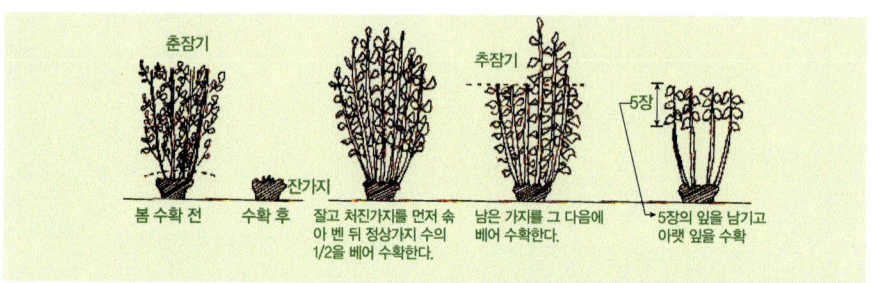

(3) 연간 3회 가지 뽕 수확법

봄누에, 초가을누에, 가을누에(또는 늦가을 누에)를 기본 잠기로 할 경우 초가을 누에의 가지 뽕 수확을 효과적으로 하기 위해서는 일정량의 봄베기 뽕밭이 필요하다.

- 봄누에 : 기부 벌채 수확

- 초가을누에 : 솎아베기(간벌) 수확을 원칙으로 한다.
  - 봄베기(춘벌) 가지 수가 많을 것이므로 잔가지와 처진 가지를 먼저 솎아 베고 나머지 정상가지는 그 수의 1/3범위에서 솎아 수확한다.
  - 여름베기(하벌) 후 자란 뽕나무에서도 봄베기(춘벌)한 뽕나무의 경우와 같이 하지만, 그 양이 적어서 효과적인 가지 뽕치기는 어렵다.

- 가을누에(또는 늦가을 누에) : 1m 높이에서 중간 벌채 수확한다(남긴 가지에서 뽕잎을 수확할 수 없을 때는 0.8m).

(4) 연간 4회 가지 뽕 수확법

연간 효과적인 다회육을 목적으로 할 때 뽕밭을 2구로 나누어 다음 예와 같이 4회 다회수확이 가능하다.

(중부지방 소잠일 기준)

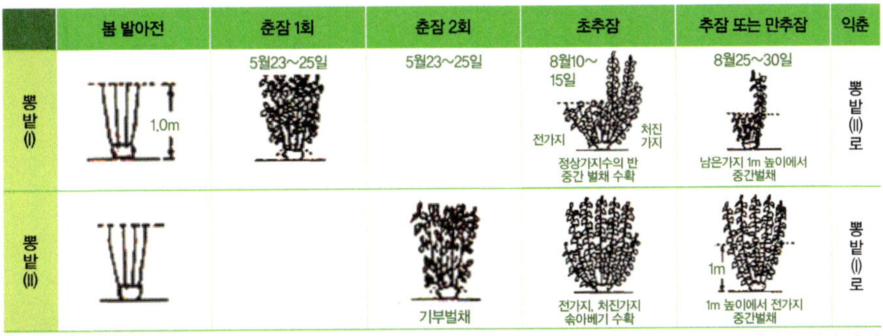

남부지방 : 춘잠기 2~3일 추잠기 : 5일 정도 늦게

〈그림 1-29〉 연 4회 가지 뽕 수확체계

3 뽕밭 병해충 방제

뽕나무 병해충 발생현황 및 요인

가. 발생현황

우리나라의 뽕나무 병해충은 병해가 50여 종, 해충이 200여 종 알려져 있으나 방제의 대상이 되는 병해충은 각각 10여 종이다. 뽕나무 병해충 발생상태는 속성 다수확 밀식 뽕밭의 조성, 다비재배 및 뽕 수확법과 뽕밭관리의 생력화 등 새로운 기술의 도입으로 뽕나무의 생리적인 관점에서 상당히 불리한 조건과 병해충 발생에 유리한 여건이 조성되어 과거에 비하여 크게 달라지고 있다.

최근 문제가 되는 병은 오갈병, 잎오갈세균병(축엽세균병), 눈마름병 등이며 해충은 뽕나무애바구미, 총채벌레, 명나방, 뽕나무이 등이 큰 피해를 주고 있다. 일부 지역에서는 순혹파리, 잎말이나방, 애나무좀의 발생이 많고, 뽕나무 묘목에서는 근류선충 및 날개무늬병의 발생이 보고되고 있다.

나. 뽕나무 병해의 발생요인

(1) 뽕 품종 : 내병성, 이병성
(2) 뽕 가꾸기(재상)방법 : 수형, 재식밀도, 수확법
(3) 기상조건 : 기온, 강우, 적설, 동상해
(4) 토양조건 : 토질, 갈이흙(경토) 깊이, 비옥도, 산도
(5) 거름 주어 가꾸기(비배관리) : 비료의 종류(비종), 비료주기(시비)량
(6) 기타 병해충의 발생 정도 등이 주요인이며, 병원균이 식물체에 침입하는 경로는 가지의 절단면 상처, 껍질눈(피목), 기공 및 해충에 의한 흡즙부위의 상처 등이고 이곳이 발병의 유인이 된다.

뽕나무 병해 발생에 관계하는 해충으로는 눈마름병, 줄기마름병 등에 뽕나무애바구미, 오갈병에는 마름무늬 매미충, 잎오갈세균병(축엽세균병)에는 매미충류와 총채벌레, 잎벌레 등이 있다.

뽕나무 병해방제

가. 뽕나무 오갈병

(1) 피해상황

전국에 걸쳐서 발생하는 병해로 남부 지방 등 일부 지역에서는 발생이 많아져 문제되는 중요한 병이다. 이 병은 나고 자라는(생육) 전체 기간을 통하여 걸리고 회복이 되지 않으며 점차 쇠약하여져서 말라 죽게 된다. 병든 그루의 잎은 탄소동화작용으로 얻은 탄수화물이 저장 기관으로 이동하지 못하고 잎에 그대로 머물러 있게 되므로 탄수화물이 많아지고 수분과 기타 성분은 적어지는 등의 성분 변화를 가져와 뽕잎은 사료가치가 떨어져서 누에가 먹지 못하는 뽕잎이 되고 만다.

(2) 병의 증세(병징)

병에 걸린 잎은 갈래잎(열엽)이 둥근 잎(환엽)이 되고 작아지며 노란색을 띠게 된다. 또 오갈과 잔주름이 생기게 된다. 가지는 마디마디가 짧아지고 가늘게 생긴 잔가지가 많이 나와 빗자루와 같이 된다. 병의 증세(병징)는 중부 지방이 5월 하순부터 6월 초순 사이에 나타나기 시작하여 늦가을까지 계속된다.

(3) 병원균

이 병은 1881~1931년까지는 생리적으로 오는 병해로, 1932~1966년까지는 바이러스에 의한 병으로, 1967년 이후는 마이코프라스마에 의한 병으로 확정되었다. 이 병원균은 병든 그루의 잎, 줄기, 뿌리에 산재되어 있으나 새싹과 어린 뿌리에 가장 많이 분포한다. 여름철 30℃의 온도에 병 발생이 많고 겨울철 저온이 오면 가지 부분의 병원균은 없어지거나 불활성화되고 뿌리 부근에서 적은 밀도로 월동하다가 봄부터 병원균의 밀도가 증가하여 5월 하순경에 병의 증세

(병징)가 나타난다.

(4) 병원균 전염경로

병에 걸린 바탕나무(대목)나 가지를 이용하여 묘목을 생산하거나 병 걸린 새가지로 꺾꽂이(삽목)하여 묘목을 생산할 경우에 전염되고, 마름무늬매미충에 의한 매개전염을 한다. 마름무늬매미충은 병든 그루에서 병원균을 흡즙하여 보독충이 되면 건전한 그루에 영속적으로 병을 옮기게 된다.

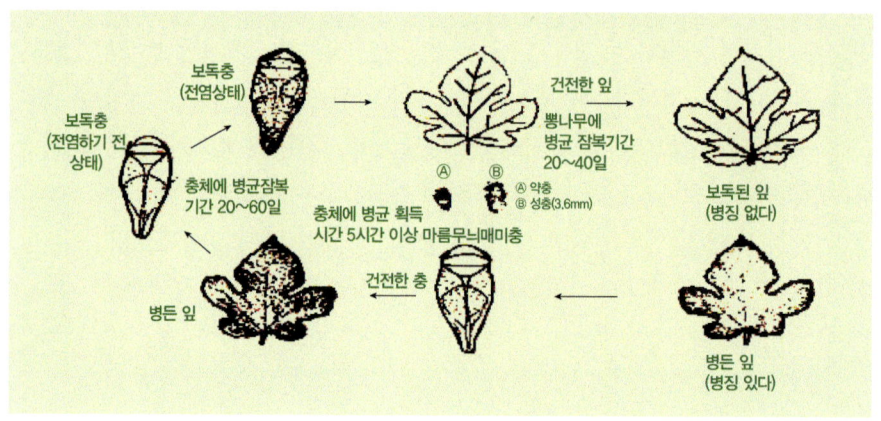

〈그림 1-30〉 오갈병 전염경로

(5) 발병요인

지하수위가 높고 토양 함수량이 많은 땅이나 배수가 잘 안 되는 땅에 발병하기 쉽고 속효성 질소비료의 과용이나 편용, 여름베기(하벌) 시기가 늦을 때, 풍수해 또는 병해충 피해로 자람새(수세)가 약해졌을 때에 발병하기 쉽다. 또한 마름무늬매미충이 많은 지역에서 생산된 묘목을 심을 때에 병 발생이 많다.

특히 병 걸린 그루를 캐내지 않고 그대로 두거나 여름베기(하벌)를 하고 병든 그루를 그대로 두었을 때 병이 많이 발생한다.

〈표 1-11〉 지하수위와 오갈병 발생과의 관계

지하수위(지표하)	토양함수량(3개년평균)	오갈병발생(112주중)	
		발병주수	비율
1.75m	36.0%	0	0%
1.35m	56.3%	12	10.8%
0.46m	82.6%	31	27.7%

(6) 매개충의 생활사

뽕나무 오갈병을 매개하는 곤충은 마름무늬매미충으로 1년에 3~4세대 발생하며 뽕가지의 껍질 속에서 알 상태로 월동을 하고 이듬해 봄 겨울눈이 싹틀 무렵(탈포할 무렵)에 부화하여 어린싹이나 잎에서 즙액을 흡수하면서 병을 옮긴다. 성충은 3~5㎜ 크기로 등 쪽에 마름모무늬가 있는 것이 특징이다.

(7) 방제법

- 지하수가 높거나 배수가 잘 안 되는 뽕밭은 배수가 잘 되도록 한다.
- 질소질 비료의 과용이나 편용을 하지 않는다.
- 건전한 묘포의 묘목을 선택한다.
- 병든 그루는 빨리 캐내거나, 줄기 아랫부분을 잘라낸 다음 알라클로르유제를 발라주어 말라죽게 한다. 병든 그루가 30% 이상 발생한 뽕밭은 전부 캐내고 다시 심는다.
- 4월 하순경 겨울눈이 필 무렵 펜토에이트(파프) 유제 1,000배액을 10a당 130ℓ 정도 가지에 뿌려 겨울나기 알(월동란) 및 부화 약충을 구제한다.

나. 뽕나무 눈마름병

(1) 피해상황

전국적으로 분포하며 특히 중북부 지방에 피해가 많은 편이며 가을철 가지뽕치기의 보급과 더불어 발생이 많아지고 있다.

(2) 병증세(병징)

처음 타원형의 병반이 나타나고 4~5월경 지조 또는 절단면 바로 아래 부위는 말라붙고 그 아래 부분에 담황색 또는 담적갈색의 큰 병무늬(병반)을 형성한다. 이러한 색상의 작은 돌기는 6월경부터 점차 청흑색으로 변한다. 이 병은 주로 가지의 절단면이나 겨울눈 부근에 발생하는 지고성(枝枯性) 병해로 발병은 3월에 시작하여 4~5월경이 최성기로 6월 하순경에 끝난다. 병원균의 침입 부위는 가지의 절단면, 작업이나 해충 등에 의한 상처 등이며 검설뽕, 청일뽕, 청올뽕 등은 이 병에 강하고 개량뽕[VI], 대륙뽕 등은 약하다.

(3) 병원균

병원균은 4개의 절막을 가진 반달형 모양의 분생포자와 긴 타원형의 자낭포자가 있으며 병든 가지에 형성된 이들 포자는 공기 중에 날아가 여름부터 가을까지 가지의 상처를 통하여 침입하는데, 여름철에는 포자형성은 많으나 뽕나무에 상처가 나면 융합조직이 왕성(적온 25~30℃)하여 침입하기 어렵고 가을철(8~9월)에는 낮은 온도로 융합조직의 형성이 정지 상태에 이르는 반면 병원균의 발육 적온인 22.5℃ 내외가 되어서 쉽게 침입할 수 있다.

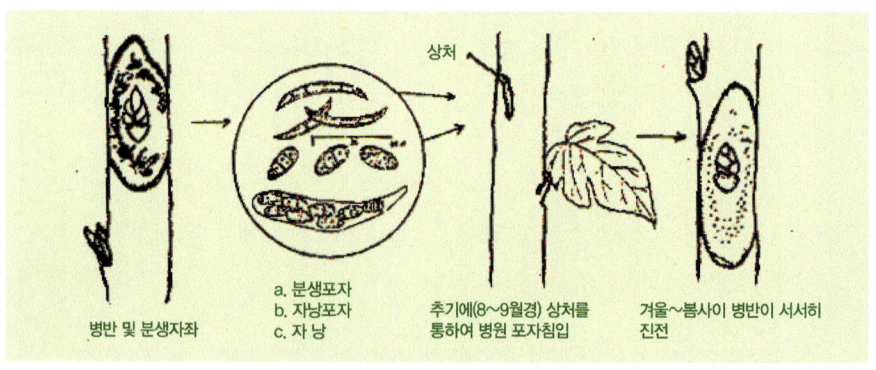

〈그림 1-31〉 눈마름병 병원균 및 전염경로

(4) 발병원인

가을 가지뽕치기를 할 때 절단면의 상처, 난폭한 잎슒기(적엽) 시 상처, 해충 (애나무좀, 하늘소 등)에 의한 상처, 여름철 인축의 미완숙 분뇨 시여, 효과

빠른(속효성) 질소비료의 과용 및 편용, 지하수위가 높거나 모래땅의 뽕밭, 언 피해(동해)의 피해가 많은 가지 등은 이병 발생의 원인으로 알려져 있다.

(5) 방제법

- 유기질의 토중시여와 석회시여에 의한 산성도 교정(산도교정)으로, 특히 인산 및 가리질 비료의 비료증진과 심경 등 토양개량에 의한 뿌리뻗음새(근계) 발달과 자람새(수세) 증진
- 수확법의 적정화로 뽕나무의 충실화 도모
- 뽕나무애나무좀이 뚫은 구멍은 본 병원균 침입에 가장 좋은 장소로 애나무좀 피해 가지는 잘라 소각하고 약제방제는 춘기 뽕 싹트기 전(탈포전)이나 늦가을누에(만추잠) 완료 후 펜토에이트(파프)유제 1천 배액을 가지에 집중 살포(100ℓ/10a)
- 가을누에 때 자낭포자가 흩날림(비산)하여 가지뽕(조상) 수확 또는 중간 벌채 가지의 절단면을 통해 병원균이 침입하므로 11월경 절단면으로부터 5~10㎝ 아래서 재 절단
- 가을누에(추잠) 후 티오파네이트메틸 수화제 1,000배액을 2회에 걸쳐서 10a당 130~150ℓ씩 살포

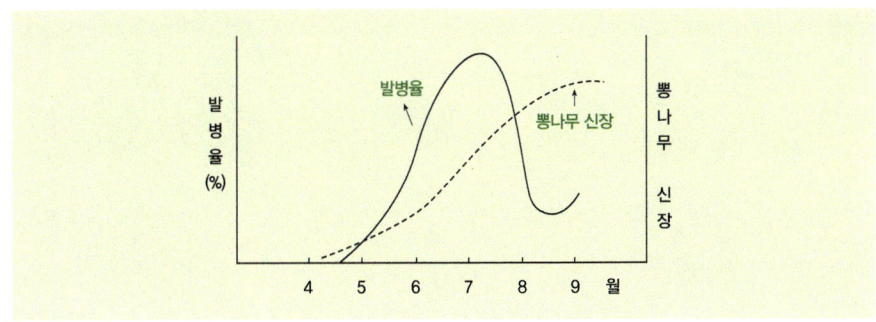

〈그림 1-32〉 잎오갈세균병(축엽세균병) 발생추이

Tip.

v1 개량뽕
백상계(白桑系)에 속하며, 나뭇가지는 회색 또는 회갈색이 많고 가지수도 많다. 직립성(直立性)이고 겨울눈은 갈색이며 중생뽕이다. 잎은 5갈래로 나누어지고 톱니는 둔하다. 내병성은 보통이고 수확량은 비교적 많으며, 봄·가을 큰 누에용으로 알맞은 품종이다.

다. 뽕나무 잎오갈세균병(축엽세균병)

(1) 피해상황

전국에 분포하며 이른 봄부터 가을까지 발생하나 6~7월 장마철에 피해가 크며 밀식 뽕밭 및 걸게 가꾸기(다비재배)를 하는 뽕밭에도 발생이 많다.

(2) 병증세(병징)

뽕나무의 나고 자라는(생육)시기를 통하여 새순(신소), 잎맥(엽맥), 잎몸(엽신) 등에 발병하며 장마철에 가장 발생이 많고 고온건조한 여름에는 발생이 적다. 일반적으로 저습지, 밀식 상전, 질소비료 과용 뽕밭 등에 발생하는 경향이 있으며 낮추베기(저위예취) 뽕밭이 중간베기나 높이베기에 비하여 발생이 많다. 잎의 병 무늬(병반)는 산발적으로 1~3㎜ 크기의 둥글거나 다각형의 검은색의 윤택이 있는 반점이 생기며 비를 맞으면 병반이 썩어 없어져 구멍이 뚫린다. 잎맥(엽맥)은 뒤쪽에 병 무늬(병반)가 생기어 썩게 되고 표면은 정상적으로 자라기 때문에 잎이 잎맥(엽맥)을 따라 뒤로 말려서 오갈이 든다. 새싹의 병반은 세장형조반이 생기고 움푹하게 썩으며 새싹이 말라 죽는데 피해받은 밑부분에 잔가지가 많이 나오게 된다. 때로는 장마철에 새싹의 병 무늬(병반) 부위에 노란색의 세균 덩어리가 있는 수도 있다.

〈그림 1-33〉 잎오갈세균병(축엽세균병) 피해

(3) 병원균

이 병의 병원균은 세균으로 병든 가지나 토양 속에서 겨울을 나고 1차 전염원이 되며 상처나 숨구멍(기공)을 통하여 뽕나무에 침입한다.

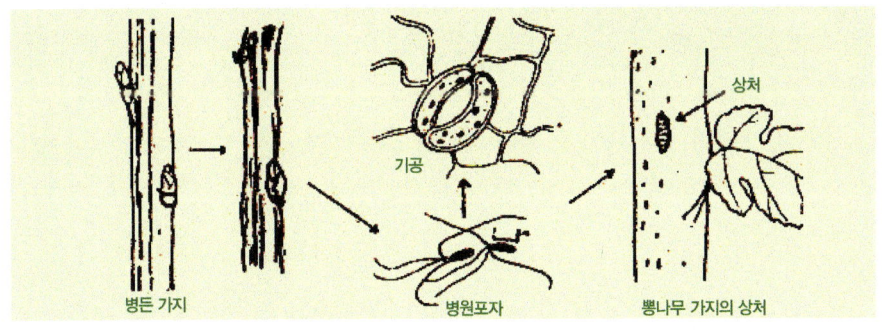

〈그림 1-34〉 병든 가지 및 전염경로

(4) 발병원인

전년도에 발생이 많은 뽕밭, 밀식과 통풍이 불량한 뽕밭, 난폭한 뽕밭관리에 의한 상처, 질소비료의 과용 및 편용, 해충의 발생이 많을 경우 발병의 원인이 된다. 최근 밀식 뽕밭의 증가와 더불어 잎오갈세균병(축엽세균병)의 발생이 증가하고 있다.

(5) 방제법

- 병든 가지는 되도록 일찍 잘라 불에 태우고 가을부터 봄 사이에 병든 가지를 잘라 1차 전염원을 없앤다.
- 질소비료의 과용을 피한다.
- 해충구제를 철저히 한다.
- 저습지나 베게 심는 뽕밭(밀식 뽕밭)에 발생이 심하므로 이에 대한 저습지에는 뽕밭만들기를 피하고 베게심기를 피한다.
- 가을누에(추잠) 후 티오파네이트메틸 수화제 1,000배액을 2회에 걸쳐서 골고루 살포한다.

라. 자주날개무늬병

(1) 피해상황

다범성[1]인 병해로 사과, 배, 복숭아, 포도, 오동나무, 참나무, 버드나무, 소나무 등 목본 식물에 기생이 많고, 이 외에 고구마, 당근, 무, 콩, 감자, 땅콩, 사탕무 등에 기생한다.

(2) 병 증세(병징)

뿌리나 땅가[2]의 줄기에 발생하는데 초기에는 자람새(수세)가 약해지고 잎이 적어지며 황색으로 변하여 낙엽이 일찍 지고 말라죽는다. 6~7월경 땅가의 굵은 뿌리에는 자주빛을 한 균사막으로 둘러쌓이고 가는 뿌리는 검게 썩는다. 또한 그 위에는 검은색의 1㎜ 정도의 균핵이 생긴다.

(3) 병원균

균사, 균핵의 모양으로 병든 뿌리에서 살며 포자에 의해서 전염한다. 균사는 H자형의 특징을 이루고 있으며 발육적온은 20~28℃이고 pH 6.2~5.0이며 45℃ 온탕에서는 25분 후에 죽는다. 이 병은 흰빛날개무늬병과 같이 토양이나 묘목에 의해서 전염한다.

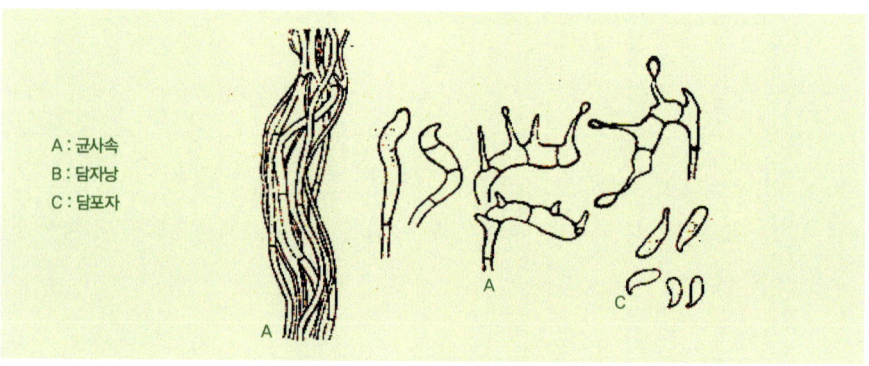

〈그림 1-35〉 자주날개무늬병의 병원균

(4) 방제법

- 간이소독법으로 병에 걸린(이병된) 밭을 깊이와 폭이 40~50㎝의 골을 파

서 골 길이 1m당 피씨엔비(Pentachloro Nitrobenzene) 20% 가루약(분제) 200~250g씩 흙에 혼합하여 두었다가 10일 후 묘목을 심는다. 피씨엔비는 정균작용[v3]을 하고 약제잔효 기간이 3년 이상이다.

- 발병된 뽕밭은 가을누에를 친 다음은 10~11월(20℃ 전후가 적온임)에 크로루피크린으로 소독한다. 소독방법은 토양을 깊게 갈아서 고른 다음 30㎝ 간격으로 40㎝ 깊이의 구멍을 뚫고 약을 6~8cc씩 넣은 후 비닐로 흙을 덮는다.
- 이 병의 발병지는 4년 이상 뿌리채소류(근채류)를 피하고 볏과작물(화본과작물)을 재배하거나 물 논으로 이용한 뒤 뽕밭을 만든다.
- 묘목은 철저히 검사하여 무병 묘를 심도록 한다.
- 병든 묘목은 불에 태우고 병에 걸렸는지의 여부를 확실히 모르는 묘목은 45℃ 온탕에 30분간 물에 담그거나(침지하거나) 티오파네이트메틸 수화제 500배액에 10분간 물에 담근(침지한) 후 식재한다.

뽕나무 충해방제

가. 뽕나무애바구미

(1) 피해상황

뽕가지에서 월동한 성충은 이른 봄철(4월 초·중순)부터 뽕나무의 겨울눈이나 봄 및 여름베기 후에 싹트기(발아)하는 어린 눈이나 새순을 갉아먹는다. 피해가 심할 때는 가지 수가 줄어든다. 피해가 가장 심한 시기는 이른 봄철과 봄베기(춘벌)나 여름베기(하벌)한 직후이다.

Tip.

v1 다범성
한가지 병원균이 여러 종류의 기주를 침해할 수 있는 것
v2 땅가
줄기의 아랫부분
v3 정균작용
병원균 등 유해한 생물을 제거하고 유익한 생물로 대체하거나 토양 미생물의 활성을 높여 병원균의 활성을 억제하는 것

(2) 형태

성충은 몸길이가 약 4㎜이고 몸 빛깔은 흑색에 장타원형으로 쌀바구미와 형태가 비슷하다. 알은 유백색으로 약 0.5㎜ 정도의 타원형이고 유충은 원통형으로 다리가 없으며 몸 빛깔은 유백색으로 항상 활 모양으로 굽어있다. 번데기는 약 4㎜ 정도의 유백색이다.

(3) 경과습성

보통 1년 1회 발생하며 성충으로 뽕 가지의 목질부에서 겨울나기(월동)를 하나 남부 지방에서는 유충으로 겨울나기(월동)하는 것도 있다. 산란은 주로 동아 부근에 산란하며 부화유충은 목질부에 구멍을 뚫고 형성층을 먹고 약 40~50일이 지나면 번데기가 되며 약 10일이 경과하면 성충이 된다. 부화한 성충은 목질부 속에서 그대로 겨울나기(월동)하고 이듬해 봄철에 활동을 시작한다. 바구미는 벌채 후 남은 그루터기에 산란하므로 이것이 중요한 다발의 원인이 된다.

〈표 1-12〉 뽕나무 애바구미의 생활사

1월	2월	3월	4월	5월	6월	7월	8월	9월	10월	11월	12월
+++	+++	+++	+++	+++	+++	+	+	+++	+++	+++	+++
				○○○	○○○	○					
				—	—	—					
						×××	×××				

※ 주 : +성충 ○알 —유충 ×번데기

(4) 방제법

- 겨울중 반고사 상태의 가지나 춘·하벌 후 남은 그루터기를 잘라 태운다.
- 4월 중·하순경 펜토에이트(파프) 유제 1,000배액을 10a당 130ℓ 정도를 그루나 가지에 뿌린다.
- 벌채 후에는 즉시 펜토에이트(엘산)유제를 그루에 집중적으로 뿌린다.

나. 뽕나무이

(1) 피해상황
약충이나 성충 모두 잎의 뒷면에서 즙액을 흡수하여 어린 잎은 오갈이 들고 약충은 꼬리로부터 흰색 실모양의 끈적한 배설물을 분비하여 뽕잎을 더럽히므로 작업 시 불편할 뿐만 아니라 누에가 잘 먹지 않아 2차적인 피해가 크다.

(2) 형태
성충은 몸빛깔이 황갈색이며 크기는 약 4㎜이고 머리는 거의 삼각형이다. 날개는 투명하고 흑갈색의 작은 반점이 많으며 배 부분은 방추형이다. 알은 타원형으로 장폭은 0.3㎜ 정도이고 산란 직후는 백색이지만 부화 직전에는 담황색이 된다. 약충은 약 3㎜ 정도의 담황색으로 머리는 삼각형이고 복부 끝에 실모양의 흰색 납물질을 분비한다.

(3) 경과습성
산간지나 한냉지대의 뽕밭 통풍이 나쁘고 음습한 지역에 발생이 많다. 연 1회 발생하고 성충으로 잡초 등에서 겨울나기(월동)를 한다. 뽕나무이는 경과가 고르지 못하여 연 2~3회 발생으로 오인하는 수도 있다. 암컷은 5월 상순경부터 가지 끝의 어린잎에 200~300개의 알을 낳으며 산란 후 약 2주일이면 부화한다. 성충은 늦게까지 뽕밭에서 즙액을 흡수하고 늦가을(만추)기에 잡초로 이동하여 겨울나기(월동)를 한다.

(4) 방제법
(가) 뽕밭 통풍을 잘 되게 한다.
(나) 해를 입히는(가해) 초기 실모양의 배설 물질이 흩날리기(비산) 전 피해 잎을 제거한다.
(다) 겨울눈이 틀 무렵 펜토에이트(파프)유제 1,000배액을 살포한다.

다. 뽕나무총채벌레

(1) 피해상황
하추기의 고온건조 때 피해가 크다. 성충, 약충 모두 상위 잎을 즐겨 갉아먹고 특히 최대 넓은 잎(광엽) 부근의 연한 잎에 기생 밀도가 높다. 총채벌레의 입은 자흡성구기로 뽕잎의 표피를 파괴하고 즙액을 흡수하기 때문에 상처를 통하여 세균병 등의 병균이 쉽게 침입한다. 또한 유충은 주로 잎 뒷면의 잎맥(엽맥)을 따라 갉아먹기 때문에 잎은 정상으로 자랄 수가 없고 피해가 심하면 굳어짐(경화)이 빠르고 잎 뒤쪽으로 오갈이 들어 수량이 줄어들고 엽질이 떨어진다. 뽕나무의 나고 자라는 전 기간을 통하여 피해를 주나 가장 피해가 심한 시기는 가을누에 때이며 주로 애누에용 뽕에 피해를 많이 준다.

(2) 형태
성충은 몸길이(체장) 약 0.8㎜ 담황색, 방추형으로 두 쌍의 날개를 가지고 활발히 날아다닌다. 유충은 거의 성충과 같은 형태지만 날개가 없다.

(3) 경과습성
암컷은 5월초, 중순경부터 어린잎의 잎맥(엽맥)에 기생하며 산란기를 잎 속에 꽂고 1개씩 드문드문 산란한다. 알은 며칠 후에 부화하여 즙액을 흡수하며 약 2주간에 3회 이상 탈피하고 성충이 된다. 1년에 7~8세대를 경과하고 성충으로 겨울나기(월동)를 한다. 본 해충의 발생을 지배하는 요인으로는 기상환경이 가장 크며 특히 일조와 강우량이 크게 영향을 한다.
일반적으로 하추기에 나고 자람(생육)이 왕성하고 비가 많을 때는 총채벌레를 씻어내기 때문에 생식밀도가 떨어진다.

(4) 방제법
하추기 건조 상태가 계속되면 발생이 많아지므로 농약으로 구제를 일찍 하는 것이 좋다.
- 아세페이트(아시트) 수화제 1,000배액을 10a당 150ℓ 살포한다.

라. 뽕나무명나방

(1) 피해상황

봄부터 여름에 걸쳐 제1, 제2세대의 유충피해를 받지만 더 큰 피해를 받는 것은 하추기에 발생하는 제3 및 제4세대의 유충기 때이다.

유충은 뽕잎의 뒷면부터 잎맥(엽맥)이나 표피를 남기고 잎살(엽육)부를 갉아먹기 때문에 피해 받은 부분은 갈변하게 되고 바람에 의해서 찢어져 구멍이 뚫린다. 피해가 심한 뽕은 사료가치가 전혀 없게 된다. 부화 당시의 유충은 잎맥(엽맥)을 따라 군서하며 가해하지만 대개 3령 이후가 되면 단독으로 해친다. 또한 명나방 유충의 똥이 묻은 뽕잎을 먹은 누에는 병을 일으키는 수가 있다.

(2) 형태

성충은 몸길이(체장)가 약 1cm이며 머리와 가슴 부위는 백색이며 날개는 황갈색의 줄무늬가 2개 있다. 알은 반투명 담록색이고 애벌레는 약 18mm의 담록색으로 다 자란 애벌레는 엷은 적색을 띤다.

(3) 경과습성

1년 4회 발생하며 애벌레로 가지의 틈바구니나 낙엽 또는 잡초 속에서 엷은 고치를 만들고 그 속에서 겨울나기(월동)한다. 월동유충은 5월 상중순에 용화[v1]하고 제1회 성충은 5월 중순부터 우화한다. 성충은 야간에 활동하고 잎 뒷면의 잎맥(엽맥)에 산란하고 산란부위는 주로 중간 잎부터 상위 잎이고, 100~300개의 알을 낳는다. 명나방은 여름철 기상조건이 고온이고 비가 적으면 추기에 많이 발생하는 경향이 있다. 반대로 여름철 저온 다우일 때는 발생이 적다. 일반적으로 해안이나 하천변의 모래땅 뽕밭에 많이 발생하는 경향이 있다. 같은 뽕밭에서도 뽕밭 안쪽보다는 길가에 발생이 심하고 잠실이나 집 부근의 뽕밭에도 같은 경향으로 이는 본 해충이 주광성[v2]이 강하기 때문인 것으로 알려져 있다.

Tip.

v1 용화
곤충의 애벌레가 번데기가 되는 일

v2 주광성
생물이 빛의 자극에 대하여 가지는 주성(走性). 밝은 빛을 향하는 경우를 양의 주광성, 그 반대를 음의 주광성이라고 한다.

(4) 방제법

뽕나무명나방이 많이 발생하는 지역에서는 어린 유충이 보이는 8월 초~중순에 방제 계획을 미리 세워 방제하는 것이 좋다. 큰 피해를 입었을 때는 누에 사육 시기와 겹쳐 약제 방제가 곤란하다.

- 겨울에 낙엽을 철저히 긁어모아 태워, 겨울나기(월동)잠복소를 없앤다.
- 7월 하순~8월 초순 사이에 펜토에이트(엘산)유제 1,000배액을 잎 뒷면에 있는 유충에 충분히 묻도록 살포한다.

마. 근류선충
(1) 피해증상

근류선충[vi]이 기생한 뽕나무 뿌리는 크고 작은 혹이 생겨 뿌리의 발육이나 재생이 나빠 뿌리의 생리기능이 줄어들고 피해가 진전되면 뿌리는 썩고 말라 죽으며 자람새(수세)가 쇠약하여지며 피해가 심할 때는 뽕나무가 말라 죽는 수도 있다. 근류가 형성된 묘목은 발근 활착이 나쁘다. 특히 근류선충의 피해는 금방 나타나지 않아 판별하기가 대단히 곤란하고 얼핏 보면 가리 결핍증상과 비슷하며 일찍 낙엽이 진다. 또한 피해는 심은 당년보다 2년째부터 나타나기 시작한다.

(2) 형태

뽕나무에 기생하는 근류선충은 *Meloidogyne hapla*, *M. arenaria*, *M. mali* 등 3종이 있다. 암컷 성충은 유백색이며 구형 또는 서양배 모양이며 체폭은 580~600㎛이고 수컷은 유백색 사상이며 체장은 약 1㎜이다. 알은 유백색 타원형으로 장경 80㎛, 단경 40㎛이다.

(3) 경과습성

유충은 발육단계에 따라 4단계로 구분하고 제1기 유충은 사상으로 알속에서 발육하고 2기 유충은 알에서 나와 토양 속으로 들어가고 암컷은 잔뿌리(세근)에 침입한다. 1년에 3~4회 발생하고 겨울나기(월동)는 기온에 따라서 알, 유충, 성충상태로 겨울나기(월동)를 한다. 우리나라 전국에 분포하고, 사질 땅에 발생이 많고, 부식질이 많은 토양이나 점토질에는 발생이 적고, 40㎝ 깊이의 토층에 생식 밀도가 높다.

(4) 방제법

뽕나무 묘포밭의 근류선충 방제는 에토프로포스(에스캅) 입제를 10a당 6kg을 뿌려주면 된다.

Tip.

v1 근류선충
    선충류 가운데 식물의 뿌리에 기생하는 선충을 통틀어 이르는 말.. 성충의 암컷은 서양배 모양이며 수컷은 지렁이 같이 길쭉하다. 거의 모든 식물의 뿌리에 기생하는 해충이다.

1장 누에 사육용 뽕나무 재배

1. 뽕나무 품종 및 묘목생산

구 분	분 류		
싹트는 시기	올 뽕	중 뽕	늦 뽕
뽕 이용 계절	봄누에	봄·가을 겸용	가을누에
누에의 나이(齡)	애누에	애·큰누에 겸용	큰 누에
품 종	홍올뽕 청올뽕	개량뽕, 청일뽕, 수계뽕, 용천뽕 검설뽕, 신일뽕, 수봉뽕, 수원뽕	대 륙 뽕

▶ 우리나라에서 재배되고 있는 뽕 품종의 실용적 분류

▶ 장려 뽕 품종은 △개량뽕 △청일뽕 △대륙뽕 △수계뽕 △신일뽕 △수원뽕 △용천뽕 △검설뽕 △청올뽕 △홍올뽕 △수봉뽕이며 뽕나무를 심을 지역의 기후와 병해충 등을 고려해 선택한다.

▶ 뽕나무 모나무(묘목)는 주로 생산업자에 의해 생산되지만 농가에서 스스로 생산하기도 한다. 한눈뿌리접은 씨모(실생묘) 생산 및 접나무모(접목묘) 양성에 2년이 걸리지만 모나무(묘목)의 품질이 우수하고 대량생산이 가능해 대부분 한눈뿌리접으로 생산되고 있다.

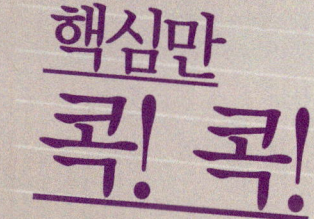

2. 뽕밭 만들기와 재해대책

- ▶ 뽕나무를 심기 전 뽕잎의 생산목표, 뽕밭의 재배법, 누에사육법 및 농가의 경영조건 등을 충분히 고려해 뽕밭을 만든다.
- ▶ 누에치기의 경제적인 적정 규모는 50a이며 전업에 적합한 규모는 1ha 내외이다.
- ▶ 뽕나무는 봄 또는 가을에 심으며 특히 11월 중순 이후 일손이 한가한 때 심을 수 있다는 장점이 있다. 언 피해(동해)가 우려될 때는 이듬해 봄 땅이 녹은 3월 하순경 심는다.
- ▶ 뽕나무는 경운기로 뽕밭을 관리할 경우 넓은 이랑 너비 1.8m, 좁은 이랑 너비 0.6m, 그루사이 0.5m의 두줄 배게심는(밀식) 뽕밭으로 만든다. 다목적 관리기를 이용할 대는 골의 너비를 1.2m로 하고 그루사이를 0.4m로 한줄로 배게심는다.
- ▶ 뽕밭에 발생하는 기상재해로는 언 피해(동해), 서리피해, 가뭄해, 바람피해 등이다. 이중 언 피해(동해)와 늦서리피해가 가장 문제가 된다. 언피해(동해)를 방지하기 위해서는 철저한 재배관리와 적절한 거두기(수확)가 중요하다.

3. 뽕밭 토양개량과 비료주는 방법, 가지치기 방법

- ▶ 누에치기의 수익성을 높이기 위해서는 뽕밭 생산성의 목표를 다음과 같이 잡는다.

구 분	현 재	목 표
전국평균	50내외	70~80
표준농가	100	120
다수확농가	120~150	150~200

- ▶ 우리나라 뽕밭의 흙은 화강암 내지 화강편마암의 산성암이 풍화되어 만들어진 흙으로, 유기물 함량이 낮고, 토양반응이 강산성이며 유효인산의 함량과 염기치환 용량이 낮으며, 흙의 물리성이 대개 불량한 특징이 있다.

▶ 뽕밭 흙의 생산성 제한요인과 이에 따른 개량 방법은 다음과 같다.

●주수단, ▲보조수단

구분	제한요인	저해요인	심경	유기물	기타수단
물리성	표토가 얕음	표토 15cm 미만	●	▲	
	유토 토심 얕음	토심 50cm 미만	●	▲	
	찰흙(점토 등)	투수성, 기상율이 낮음	●	▲	●심토 파쇄, ▲배수로
	모래나 자갈땅	자갈 30% 이상	▲	●	●객토, ▲분시, 자갈제거
	반층토	깊이 30cm 이내	▲	▲	●반층 파쇄
	저습지	습해		▲	●배수로 설치
	가뭄피해	모래땅		▲	●관수, ▲유기물 피복
화학성	양분공급력	유기물 함량 30% 미만		●	
	토양반응	산도 pH 6.0 이하		▲	●석회시여

▶ 뽕밭 흙의 화학특성과 개량 목표치는 다음과 같다.

구 분	산 도(PH)	유기물(%)	유효인산(PPm)	염화포화도(%)
개량 목표치	6.5	5.0	200	80.0
우량 뽕밭	5.8	1.9	173	80.4
불량 뽕밭	4.6	1.4	95	55.6
평 균	5.4	1.7	139	69.8

▶ 산성토양을 개량하기 위해서는 석회와 고토석회와 같은 염기성 물질이 가장 효과적이다. 농업기술센터에 토양검정을 의뢰해 석회주는 양을 결정한다.

▶ 개간지의 토양개량은 용성인비를 100~150㎏/10a씩 준다.

▶ 뽕밭 비료는 토양조건과 뽕나무의 재배방법 등에 알맞게 생육단계에 맞춰 적합한 시기에 주어야 한다.

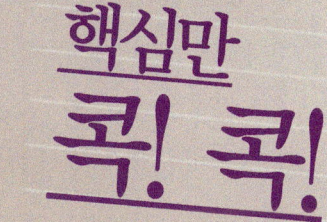

- ▶ 뽕나무의 가지치기(정지)는 그루 사이나 가지 사이의 경쟁이 일어나지 않도록 입지공간을 잘 배치하고, 가지를 잘라내는 시기나 방법을 적절히 해 충실한 원줄기를 만든다.
- ▶ 뽕나무의 그루모양을 만드는 방법은 주먹모양(유권식)과 일반모양(무권식) 가지치기(전정) 방법이 있다.
- ▶ 뽕 수확법은 애누에용 뽕 수확, 큰 누에 가지 뽕 수확, 가지 뽕 수확법이 있다.

4. 뽕밭 병해충 방제

- ▶ 방제의 대상이 되는 뽕나무 병해충은 병해 10여 종, 해충 10여 종으로, 최근 오갈병, 잎오갈세균병(축엽세균병), 눈마름병, 뽕나무애바구미, 총채벌레, 명나방, 뽕나무 등이 큰 피해를 주고 있다.
- ▶ 뽕나무 오갈병은 4월 하순경 겨울눈이 필 무렵 펜토에이트(파프) 유제를 가지에 뿌리고, 병든 그루가 30% 이상 발생한 뽕밭은 전부 캐내고 다시 심어야 한다.
- ▶ 뽕나무 눈마름병은 가을철 가지뽕치기의 보급과 더불어 발생이 늘어나고 있다. 비료를 통해 뿌리뻗음새와 나무 자람새를 촉진시키고, 가을누에 후 티오파네이트메틸(지오판) 수화제를 뿌린다.

제2장
오디 생산용 뽕나무 재배

1. 오디의 생산 특성
2. 뽕나무 재배
3. 오디 수확 및 이용

뽕나무의 열매 오디는 맛이 달고 상큼하며 색깔도 아름다워 누구나 즐길 수 있는 과일로, 항노화성분과 함께 항암효과가 있는 것으로 알려진 레즈베라트롤이 많이 들어 있다. 특히 오디는 기술력이 부족한 농가에서도 쉽게 키울 수 있다.

1 오디의 생산 특성

오디는 달고, 영양가가 풍부하며, 몸에 이로운 성분이 많은 과실이다. 영어로 뽕나무를 'Mulberry'라고 하는데 'Mul'은 'Mull', 즉 '포도주나 맥주에 향료 등을 넣는 것'에서 오고, 'Berry'는 '장과(漿果)', 즉 포도와 같이 '살과 즙이 많은 과실'을 뜻한다. 서양에서는 Strawberry(딸기), Blueberry(월귤나무 열매), Blackberry(나무딸기) 등처럼 뽕나무를 과수로 취급했던 것으로 보인다. 그러나 우리나라에서는 지금까지 오디를 누에의 먹이로만 생각하고 거의 관심이 없었으나, 최근 오디에 노화를 억제하는 C3G 및 기능성 성분이 많이 함유되어 있는 것이 밝혀지면서 오디에 대한 관심이 높아지고 있으며, 오디 생산을 위한 뽕나무 재배도 크게 늘어나고 있다.

오디 생산의 특성

가. 뽕나무는 척박한 토지에서도 비교적 잘 자라고, 농약을 적게 살포해도 되므로, 오디 생산은 친환경 농업이다.
나. 오디 생산은 지금까지의 누에를 키우기 위한 기존의 뽕나무 재배와는 달리, 열매를 생산하는 과수 농사이다.
다. 수확 시기에 노력이 집중되는 문제점이 있지만, 다른 농사와 비교하여 비교적 손쉽다.
라. 일반적으로 6월 중하순경(장마 시작 전)에 수확이 완료되어 기상재해에 의한 피해가 적다.
마. 오디는 기온이 높은 시기에 수확되고, 오디의 과일껍질(과피)이 연하여 쉽게 상하므로 수확 후 바로 판매하거나, 냉동 저장 후 판매하여야 하므로 냉동 창고가 필요하다(저온 저장으로 오래 보관할 수 없음).

오디 생산 시 고려하여야 할 점

가. 오디를 생산한 다음 어떻게 판매할 것인지 대책을 미리 세워야 한다. 자가 판매할 것인가, 제품가공공장에 판매할 것인가?

나. 어떤 품종을 재배할 것인가?
오디의 수량성, 결실성, 크기, 당도 등 품질과 병해충 저항성, 기상재해 저항성을 고려하여 선택한다.

다. 나무 모양은 어떻게 만들 것인가?
수확 방법, 품종 특성, 관리방법 등을 고려한다.

2 뽕나무 재배

오디 생산용 뽕나무 품종

농촌진흥청 국립농업과학원은 뽕나무 유전자원 보존 재배지에서 오디 생산에 유망한 품종 선발 및 새로운 오디 생산용 뽕나무를 육성하고 있다.

현재 오디 생산용으로 육성된 뽕 품종은 대성뽕, 대자뽕, 대붕뽕, 수홍, 심홍, 대심뽕, 상촌뽕 및 수향뽕, 상마루, 심강 등이 있으나, 그중 대심뽕 품종이 심은 후 2년차부터 수확이 가능하며 수량성이 높고, 오디가 커 전국적으로 널리 보급되고 있다. 2004년 장려 품종으로 지정된 대성뽕은 당도가 비교적 낮지만 기능성 성분인 C3G와 레즈베라트롤의 함량이 매우 높다.

대붕뽕은 2007년 육성하였으며, 오디의 크기는 중대과형이지만 오디가 단단하고 열매의 꼭지(과병)가 길어 손으로 수확이 쉬운 점에서 생과용으로 유통이 가능 하다. 하지만 당도가 조금 낮고, 특히 오디가 열리기 시작한 첫해와 2년차에는 당도가 많이 낮은 것으로 나타났다.

수홍뽕은 2008년 육성하였으며, 오디의 크기는 청일뽕 오디보다 약간 큰 중과형이지만 당도가 높고 수량성이 높다. 오디 색은 붉은 빛이 돈다.

심홍뽕은 2009년 육성하였으며, 오디의 크기는 청일뽕 오디보다 큰 중과형으로, 수량성이 높은 편이이지만 당도는 약간 낮다. 오디균핵병에 약간 강한 것으로 나타났다.

대심뽕은 2010년도 육성하였으며, 오디의 크기는 청일뽕 오디보다 크고, 수량성이 매우 높은 편이지만 당도는 낮은 편이다. 오디균핵병에 약한 특성을 갖고 있어 방제에 신경을 써야 한다.

상촌뽕은 2011년, 수향뽕은 2012년에 육성하였는데, 오디의 크기는 많이 크지는 않지만 오디의 품질이 우수하다. 눈트고 잎이 필 때는 일반 중생종인 청일뽕과 비슷하지만, 일주일 정도 일찍 수확할 수 있고, 청일뽕보다 당도가 높아 품질이 우수하나 수량성이 낮다. 또한 오디균핵병에는 큰 저항성을 보이지는 않으나 많이 약하지도 않은 것으로 보인다.

그 외에 누에 사육용으로 기존에 보급되고 있는 청일뽕, 수성뽕, 수원뽕도 검은색(흑자색) 오디를 결실하며 수량성도 높아 오디 생산용으로 많이 재배되고 있는 품종이다. 이 밖에 오디가 흰색이면서 달고 맛있는 터키-D라는 품종도 있으나, 우리나라에서는 재배가 적합하지 않은 것으로 밝혀지고 있다.

그 외 오디 생산용으로 이용 가능한 품종별 특성은 뒷면에 표로 정리한 자료를 참고하기 바란다.

뽕나무를 심을 때는 예측하지 못한 병해충이나 기상재해에 대한 우려가 있을 수 있으므로, 한 품종만 심지 말고 2~3품종을 같이 심는 것이 좋다.

심기 및 나무 모양 만들기

가. 심기

뽕나무는 특히 과습에 약하므로 물이 잘 빠지면서도 건조하지 않은 땅이 좋으며, 심을 때 유기물을 10a(991.7㎡(300평))당 2톤 이상, 석회는 200㎏ 정도를 넣어 토양 개량을 한 다음 구덩이를 파고 심는다.

나무 심는 거리는 나무 모양 만들기, 토양의 비옥도 등에 따라 달라질 수 있으나, 경운기로 관리하고 낮추만들기로 할 경우 최소 이랑사이를 300~350㎝, 나무 사이를 250㎝로 하여 10a(300평)당 뽕나무는 114~133그루를 심는다. 중형 트렉터로 관리하고 중간만들기로 할 경우, 최소 이랑사이 350~400㎝, 나무사이 300㎝로 하여 83~95그루를 심는다.

초기 수확을 높이기 위하여 나무를 심어 가꾸다가 다 자란 나무(성목)가 되면 솎아베기(간벌)를 하여 나무의 간격을 넓히는 방법도 있으므로, 나무모양(수형) 및 농가의 희망에 따라 나무의 간격을 조절할 수 있다.

뽕나무는 골을 파고 심지만, 오디용 뽕밭은 심는 나무 수가 적으므로 과일나무처럼 구덩이를 파고 심는다. 깊이 50㎝, 폭 50㎝ 구덩이를 파고 흙을 적당히 다시 넣어 메운 후, 퇴비와 석회를 넣고 심는다. 심는 시기는 낙엽 진 후부터 이른 봄 눈트기 전까지 심으면 된다(일반적으로 10월 하순부터 3월 하순까지). 심은 후 잡초방제를 위하여 검은색 비닐이나 부직포 등으로 덮어주면, 잡초제거 노력을 크게 줄일 수 있다.

나. 나무 모양 만들기

오디뽕나무의 모양 만들기는 낮추만들기, 중간만들기, 교목만들기 등 3가지로 나눌 수 있다.

〈표 2-1〉 뽕나무 심는 거리(예)

	이랑사이 최소 거리(cm)	나무사이 (cm)	10a당 심는 나무 수 (그루)
낮추만들기	300~350	250	114~133
중간만들기	350~400	300	83~95

품종에 따라 적합한 모양이 있으므로, 품종에 따라 나무 모양을 달리하여 재배하는 것이 좋다.

낮추만들기는 가지 위까지 손이 닿아 품질이 우수한 오디를 수확하여 신선과일(생과)로 출하하기에 좋으나 그루당 수량이 적은 단점이 있다. 장점으로는 나무 심는 간격을 줄일 수 있어 다 자란 나무(성목)가 되기 전까지 많은 수확을 올릴 수 있다는 점이 있다. 청일뽕 같이 품종에 따라 나무를 적게 키울 경우 오디가 잘 달리지 않는 품종에는 피하는 것이 좋다. 대성뽕과 같은 품종은 나무가 작아도 오디가 잘 달리고 크기도 커서 신선과일(생과) 출하용으로 적당하다.

- 적합한 품종 : 대심뽕, 대성뽕, 과상 2호 등
- 이용 가능 품종 : 수원뽕, 수홍, 수성뽕, 익수뽕 등
- 적합하지 않은 품종 : 청일뽕, 대자뽕

중간만들기는 나무의 높이가 좀 높아, 가지 밑에 달린 오디는 손으로 수확하고 높이 달린 오디는 밑에 비닐이나 그물망을 깔고 수확해야 하는 번거로움이 있으나 그루당 수량이 높고 관리법도 비교적 쉽다.

- 적합한 품종 : 대자뽕, 청일뽕, 수성뽕 등
- 이용 가능 품종 : 수원뽕, 수홍, 수성뽕, 익수뽕 등
- 적합하지 않은 품종 : 모든 품종에 적용 가능하다.

교목만들기는 일반적으로 나무가 커질수록 오디가 작아지고 병해충 방제가 어려워 좋은 나무 모양이 아니나, 교목으로 크게 키운 청일뽕의 경우 과다하게 자란 가지를 잘라(절단) 다듬어주거나(전정해주거나), 솎아 다듬어주면 (솎음 전정을 해주면) 수확량을 크게 높일 수 있다.

중간만들기와 교목만들기는 넓게 심기 때문에 다 자란 나무(성목)가 되기 전까지는 수량을 많이 올릴 수 없으나, 다 자란 나무(성목)가 되면 많은 수확을 할 수 있다.

(1) 낮추만들기 방법

낮추만들기는 심고 나서 첫해 봄(묘목 상태임) 3월 중에 원줄기를 땅에서 15㎝ 정도 높이에서 자르고 원줄기에서 나온 새순 중에 세 가지만 남겨 키운다. 가지 세 개가 되지 않으면 5월 하순까지, 햇가지가 30㎝ 이상 자랐을 때 20㎝ 부위에서 순지르기를 하여 새가지가 나오게 한 다음, 잘 자란 가지 세 개만 남겨 키운다.

2년째 봄, 자라는 대로 놓아두면 오디가 일부 열리기도 한다. 6월 중순 오디를 따고 나서 바로 첫해에 자란 가지를 땅에서 1m 높이에서 자른다. 남은 가지에 붙어 있는 새순중에서 나고 키우기(생육) 좋은 것은 잎을 네 장, 좋지 않은 것은

낮추만들기

수확 후 전지 전정

〈그림 2-1〉 완성된 낮추만들기 및 다듬기(전정) 모습

두 장만 남기고 잘라 준다. 오디 수확 후 전지 다듬는(전정) 시기는 6월 하순까지는 마쳐 주어야 다음해 오디 결실에 지장이 없다.

3년째 봄, 3월 하순경까지 그루 아랫부분에 있는 잔가지를 솎아 버린다. 6월 중하순경 오디를 따고 바로 전 해에 자란 가지 아랫부분에서 눈 2~3개를 남기고 잘라 준다. 남아 있는 새순은 2년째와 같은 방법으로 잘라 준다. 이렇게 매년 같은 방법으로 관리한다.

- 낮추만들기 순서

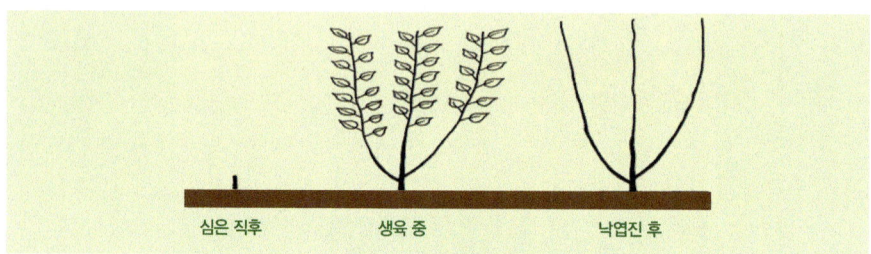

〈그림 2-2〉 심은 후 1년째

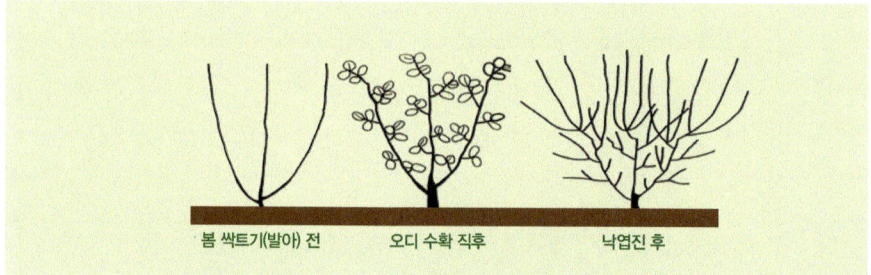

〈그림 2-3〉 심은 후 2년째

〈그림 2-4〉 심은 후 3년 째 이후

(2) 중간만들기 방법

중간만들기는 원줄기를 60~80㎝ 내외로 하고 그 끝에 그루머리를 만드는 방법으로 원줄기에서 3~5개의 원가지가 나오게 만드는 방법이다(그림 참조).
중간만들기는 3년에 완성하는 것이 일반적이나, 거름 주어 가꾸기(비배관리)를 잘하여 나고 자라는 것(생육)이 좋을 경우는 2년에 만들 수 있다.

- 3년에 걸쳐 만들기

1년차 : 묘목을 심은 후에 자란 새가지가 30㎝ 가량 되었을 때 그중에서 가장 나고 자람(생육)이 왕성한 새싹 하나만을 남기고 그 밖의 것을 따 버린다.
2년차 : 이른 봄눈이 트기 전에 가지를 땅위 60~80㎝ 가량의 높이에서 자른다. 싹트기(발아)한 후에는 아랫부분의 새싹으로부터 점차 따 버리고 최후에는 위 끝부분에 3~5개의 가지만을 남겨 자라게 한다.
3년차 이후 : 이른 봄 싹트기(발아) 전에 3~5개의 가지를 80~100㎝ 정도에서 자른다. 새순이 자라 나오면서 달리는 오디를 수확하고 여름베기를 하는데, 이 때 원가지 아랫부분의 가지는 눈 2~3개를 남겨놓고 자른다. 3번째 눈 윗부분

중간만들기

수확 후 가지 다듬기(전지 전정)

에는 줄기 밑부분을 바싹 잘라 막눈(부정아)을 유도한다.
중간만들기는 그루당 수확량은 낮추만들기보다 많지만 높은 곳에 달린 오디는 사다리를 이용하거나 나무를 흔들어 수확하여야 하는 문제점이 있다. 그러나 일반적으로 병해충 방제 등 관리가 쉽고 수량성이 높아 적당한 나무 모양으로 판단된다.

- 2년에 걸쳐 만들기

2년에 걸쳐 만들 때에는 원줄기가 굳어지기 전에 원가지를 자라게 해야 하는데, 비바람이 불면 나무가 휘어지는 피해가 있을 수 있으므로 받침대(지주)를 세워 주는 등 세심한 관리가 필요하다.
그러나 나무 모양을 일찍 완성함으로써 첫 수확을 3~4년 정도에서 2~3년 정도로 1년 앞당길 수 있는 특징이 있다.
1년차 : 묘목을 심은 후 가지를 15㎝ 내외에서 잘라준다. 묘목에서 자란 새가지가 20~30㎝ 가량 되었을 때, 그중에서 가장 나고 자람(생육)이 왕성한 새싹 하나만을 남기고 나머지 가지를 잘라 낸 뒤 1가지를 키운다.
이 가지가 6월 하순~7월 상순경에 80~100㎝ 정도 자랐을 때 60~80㎝ 정도에서 가지를 잘라 준다. 가지 윗부분에서 3~5개의 새순이 자라게 한다. 나머지 새순은 잘라 버린다. 가지가 잘라 줄 시기에 충분히 자라지 못하면 다음해 이른 봄에 잘라주어 3년간에 걸쳐 나무 모양을 만든다.

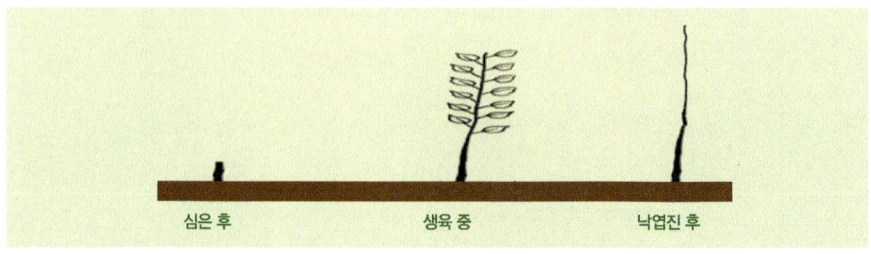

〈그림 2-6〉 심은 후 1년차

2년차 : 이른 봄 싹트기(발아) 전에 3~5개의 가지를 80~100㎝ 정도에서 자른다. 새순이 자라나오면서 달리는 오디를 수확하고 여름베기(하벌)를 하는데, 이

때 원가지 아랫부분의 가지는 눈 2~3개를 남겨놓고 자른다. 3번째 눈 윗부분에는 줄기 밑부분을 바싹 잘라 막눈(부정아)을 유도한다.

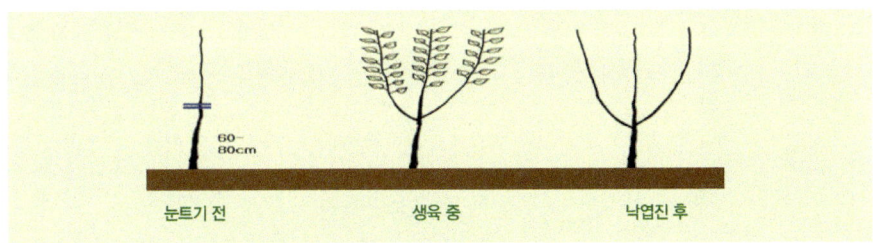

〈그림 2-7〉 심은 후 2년차

3년차 이후 : 이른 봄 싹트기(발아)하기 전에 웃자란 가지를 잘라주고, 잔가지들을 솎아준다. 새순이 자라 나오면서 달리는 오디를 수확하고 여름베기(하벌)를 하는데, 이때 원가지 아랫부분의 가지는 눈 2~3개를 남겨놓고 자른다. 3번째 눈 윗부분에는 줄기 밑부분을 바싹 잘라 막눈(부정아)을 유도한다.

〈그림 2-8〉 심은 후 3년차 이후

참고

오디를 수확하고 난 다음 가지를 여름베기(하벌)하는 것이 일반적이지만, 노동력 절감을 위하여 가지를 잘라주지 않고, 눈 트기 전(3월 하순까지)에 지나치게 많이 자란 가지와 잔가지들을 솎아내는 가지다듬기(전지), 다듬기(전정)를 겸하여 할 수도 있다. 또한 오디를 수확한 다음 새순이 웃자랄 경우 잘라내어 여러 개의 가지가 나오도록 하여 웃자라지 않게 관리할 수도 있다.

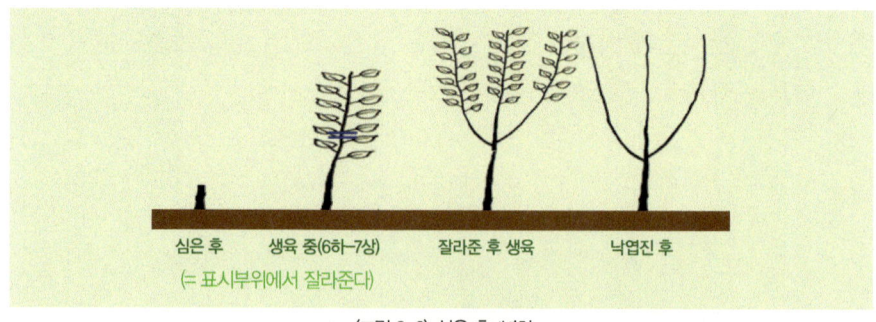

〈그림 2-9〉 심은 후 1년차

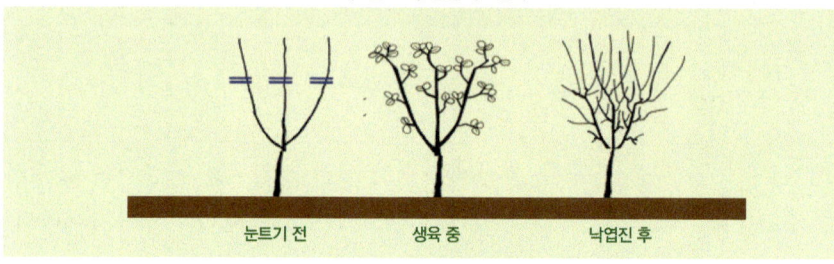

〈그림 2-10〉 심은 후 2년차

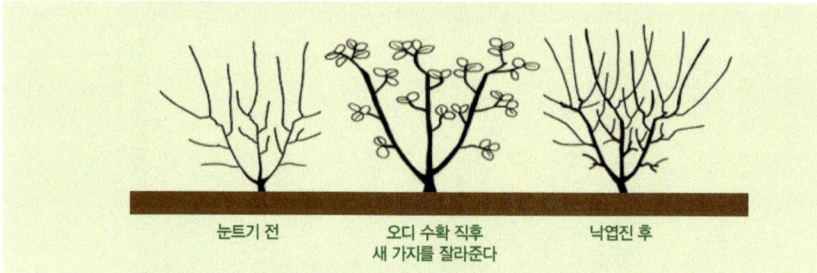

〈그림 2-11〉 심은 후 3년차 이후

(3) 교목만들기 방법

교목만들기는 뽕나무를 심은 후 그대로 자라게 하고 오디를 따는 방법으로 병해충 방제가 어렵고, 오디도 작고 품질이 떨어지나 나무 관리에 크게 신경 쓰지 않아도 되는 장점이 있다.

심은 후 그대로 방치하는 것이 아니라, 중간만들기의 방법으로 심은 후 2년차까지 관리를 한 다음 3년차 이후는 지나치게 자란 가지를 절단해 주거나, 죽은 가지와 지나치게 많은 가지를 솎아주는 정도로 관리를 최소화하면서 수확할 수 있는 방법이다.

익은 오디가 약간의 충격을 주면 쉽게 떨어지는 청일뽕 같은 품종을 교목만들기로 재배할 수 있다.

나무를 크게 키우기 때문에 심는 거리를 최소 이랑사이를 6m, 나무사이를 6m 정도로 넓게 심어야 한다.

오디를 수확할 때에는 밑에 그물을 치거나, 비닐을 깔아 놓고 익을 때마다 여러 차례에 걸쳐 수확하여야 한다.

〈그림 2-12〉 완성된 교목만들기

시 비

오디 생산용 뽕나무 재배는 일반 뽕잎 생산용 재배에 비하여 비료의 양을 많이 줄여 주는 것이 좋으며, 유기물(퇴비, 계분 등) 위주로 재배하는 것이 오디의 품질을 높일 수 있는 방법이다.

비료는 봄 비료와 여름 비료로 나누어 주는 것이 효과적이며, 여름 비료도 2회 정도로 나누어 주는 것이 좋다.

석회와 퇴비는 낙엽이 진 후 가을부터 뽕나무 수액이 이동하기 전까지(11월~3월 중·하순) 주며, 주는 양은 1,000㎡(300평)당 석회 300kg, 퇴비는 2,000kg 이상을 준다.

봄 비료주기(시비) : 3월 하순까지 비료주기(시비)를 끝내야 한다. 보통은 뽕밭 전면에 비료주기(시비)를 하지만, 오디 뽕밭에서는 뿌리가 뽕밭 일부에만 뻗어 있으므로, 과수원에서처럼 뿌리 근처에 골을 파고 유기물과 화학비료를 한꺼번에 준 뒤 흙으로 묻어 준다. 2~3년 지나면 뿌리가 고랑 쪽으로 뻗으므로 비료주기(시비)하는 골도 그루터기에서 바깥쪽으로 점점 확대하여야 한다. 봄 비료는 일 년 주는 양의 4할을 준다.

여름 비료 : 오디를 수확하고 나서 바로 여름 비료를 준 다음 가지를 정리하여 준다. 봄 비료 후보다 자라는 기간이 길므로 일 년 주는 양의 60%를 준다.

연간 화학비료 삼요소 비료주기(시비)량은 첫해는 잎뽕을 위한 뽕밭의 1/4, 2년차 이후에는 1/2의 비율로 준다. 그러나 잎이 무성해지면, 질소(요소)성분이 너무 많은 것이므로, 많이 줄여 주도록 한다. 유기물 비료(퇴비, 계분 등)를 많이 줄 경우 요소비료는 줄여 주되, 오디 품질에 영향을 미치는 인산질(용과린)과 칼륨(염화칼륨)는 줄이지 않고 준다.

병해충 방제

〈표 2–2〉 오디 뽕밭에서의 화학비료 비료주기(시비)량 예(300평당)

구분	성분량(kg)			봄비료(kg)			여름비료(kg)		
	질소(N)	인산(P_2O_5)	칼리(K_2O)	요소	용인	염가	요소	용인	염가
첫해	6.3	2.8	3.8	5.6	5.6	2.4	8.4	8.4	3.6
2년 이후	15	6.5	9.0	13.2	13.2	6	20	20	9

오디 뽕밭에서 가장 문제가 되는 해충은 뽕나무이와 뽕나무 애바구미이고, 병은 오디 균핵병이다. 그러나 일부 병과 해충에 약한 품종이 재배되면서 가지무름병과 뽕나무 줄기마름병 및 오리나무 좀벌레 피해도 크게 늘어나고 있어, 이러한 병해충에 대한 방제에도 신경을 써야 한다.

방제 시에는 생산물에 농약이 남아 있지 않도록 예방 위주로 싹트기(발아), 잎 필 때(개엽) 초기와 오디 수확이 끝난 이후에 방제하도록 한다.

가. 뽕나무이

(1) 피해 상태
애벌레는 잎 뒷면에 모여 살면서 즙액을 빨아먹기 때문에 피해를 받은 잎은 오그라들며 5월 하순경에 흰 분비물이 뽕잎과 오디를 덮어 가치가 떨어진다. 또한 작업자의 몸에 분비물이 닿으면 가려움이 생기는 등 2차 피해가 크다.

(2) 형태 및 생활사
어른벌레는 몸길이가 4㎜ 정도이며, 머리는 삼각형이고 몸은 황색 또는 황갈색이다. 날개는 투명하고 검은 반점이 많으며 배는 방추형이다. 알은 타원형으로 긴 지름이 0.3㎜이고 알을 낳은 직후에는 흰색이지만 부화 직전에는 담황색이 된다. 애벌레는 담황색으로 몸길이가 3㎜이며 배 끝에 실 모양의 흰 물질을 분비한다. 1년에 1회 발생하고 어른벌레로 잡초 속에서 겨울을 나며, 암컷은 5월 초순부터 가지의 어린잎에 10~50개씩 200~300개의 알을 낳으며 산란 후 2주일이면 부화된다. 산간지나 밀식 등으로 통풍이 잘 안 되고 음습한 뽕밭에 많이 발생한다.

(3) 방제법
뽕밭은 잡초를 없애거나 가지다듬기(전지·전정)을 철저히 하여, 통풍이 잘되게 하여주고, 흰색 납물질이 날리기 전에 피해 가지 및 잎을 잘라 태운다. 이른 봄 겨울눈이 틀 무렵 펜토에이트 유제나 디노테퓨란 입상수화제 1,000배액을 잎의 앞뒷면과 뽕나무 주변에 있는 잡초 등에도 충분히 살포하여 겨울나기 어른벌레(월동성충)를 방제한다.

※ 디노테퓨란 입상수화제는 농약 살포 후 40일 이후에도 누에에 독성이 있으므로, 오디 수확 후 누에를 사육하는 농가에서는 절대 살포하지 말아야 한다.

눈에 붙은 어른벌레

피해 잎

나. 뽕나무 애바구미

(1) 피해상황

뽕가지에서 겨울난 어른벌레는 4월 초·중순부터 겨울눈을 갉아 먹어 봄철 싹을 못 트게 하는 원인이 되고 잎이 핀 뒤에는 잎자루(엽병)나 새순의 밑부분을 갉아 먹는다. 특히 봄베기(춘벌)나 여름베기(하벌) 뒤에 트는 눈을 파먹어 그루당 가지 수가 적게 나오고, 피해가 심할 때는 나무 전체가 말라 죽거나 새순이 기부에서 부러지는 수도 있다. 피해가 가장 심한 시기는 이른 봄철과 봄베기(춘벌)나 여름베기(하벌)를 한 직후다.

어른벌레 　　　　　　　　　　새순의 피해 증상

〈그림 2-14〉 애바구미 성충 및 피해증상

(2) 형태 및 생활사

뽕나무 해충 중 가장 피해가 심한 해충으로 뽕나무 가지에서 월동한 어른벌레는 이른 봄철(4월 초순)부터 활동한다. 어른벌레는 몸길이가 4㎜ 정도로 흑색이며 쌀바구미와 비슷하다.

보통 1년 1회 발생하며 어른벌레 상태로 뽕가지의 목질부에서 겨울을 나며, 남부 지방에서는 애벌레(유충)로 겨울나기(월동)하는 것도 있다.

겨울눈 부근에 알을 낳으며, 부화된 애벌레는 목질부에 구멍을 뚫고 부름켜(형성층)를 먹으며 약 40~50일 지나면 번데기가 되고 약 10일이 지나면 어른벌레가 된다.

(3) 방제법

겨울동안 반 정도 말라죽은 상태의 가지는 잘라버리고, 4월 중·하순경, 봄베기(춘벌)나 여름베기(하벌) 뒤 즉시 방제한다.

방제약제로는 펜토에이트 유제를 뿌려준다.

다. 오리나무 좀벌레

(1) 피해상황
오리나무좀의 피해는 1차적으로는 줄기에 침입구멍을 내어 수액을 유출시키는 것이나, 가장 큰 피해는 오리나무좀의 애벌레(유충)가 먹고 자라는 암브로시아균이라는 공생균에 의한 줄기가 말라죽는(고사) 피해이다. 암브로시아균은 곰팡이로서 오리나무좀과 공생관계로서 좀이 침입할 때 줄기에 감염되어 증식을 하면 나뭇가지의 통도조직[1]이 파괴되어 침입구멍 위쪽의 줄기가 말라죽게 (고사하게) 된다.
좀벌레는 품종에 따라 피해 정도의 차이가 매우 크고, 또한 저온이 왔을 때 피해를 가중시키기도 한다.

(2) 형태 및 생활사
오리나무좀의 애벌레(유충)는 증식된 균을 먹고 자라 우화[2]하여 성충이 된다. 암컷의 몸길이는 2.0~2.3㎜이고 짧은 원통형이며 몸통의 색깔(체색)은 광택이 있는 흑갈색 내지 흑색이다.

(3) 방제법
좀벌레가 서식하는 밤나무가 많은 인근의 재배지에서 뽕나무 재배는 가급적 피하고, 어른벌레(성충)가 출현하는 6월 하순부터 7월 상순에 오디를 수확한 나무는 다듬기를(전정을) 하고, 펜토에이트 유제 500배액을 줄기가 흠뻑 젖도록 10일 간격으로 2회 살포한다. 다 자란 나무(성목)에서는 침입한 부위를 잘라내고 바르는 약(도포제)을 처리하여 조직이 부패되지 않도록 하고 침입구멍에 주사기를 이용 페니트로티온 유제나 펜토에이트 유제 500배액을 주입한다.

Tip.
v1 통도조직
식물의 수분이나 양분 따위의 통로가 되는 조직. 관다발의 주체가 되는 물관, 헛물관, 체관 따위가 있다.

v2 우화
번데기가 날개가 있는 어른벌레가 됨

피해 가지   피해 가지

〈그림 2-15〉 오리나무 좀벌레 피해 가지

라. 오디균핵병

오디균핵병은 오디 생산에 가장 피해가 심하다. 전체적으로 20~30% 정도의 피해를 주는 것으로 추정되며, 심할 경우 전혀 오디를 수확할 수 없을 정도로 피해를 주는 경우도 많다.

일종의 곰팡이병으로 오디에만 전염된다. 이 병에 걸린 오디는 익어도 회백색을 띠고, 팝콘처럼 커지거나 딱딱해진다. 전혀 먹을 수 없고 한 번 걸린 밭에서는 매년 반복해서 생긴다. 주위에 병에 걸린 뽕밭이 없을 경우에도 병에 걸리는 경우가 있는데, 이것은 산과 들에 야생하는 병에 걸린 오디로부터 균이 옮겨와 감염되는 것으로 추정된다. 병에 걸리면 치료방법이 없으므로 예방 위주로 방제하여야 한다.

(1) 오디균핵병 생활사

병든 오디는 땅에 떨어져 오디 속에 있는 균씨(균핵)가 흙 속으로 들어가 겨울을 나고 이듬해 4월 초·중순부터 5월 상순 사이에 자낭반(일종의 버섯)이 형성되어, 자낭반(버섯)으로부터 자낭포자(전염균)가 나와 암꽃으로 옮겨가 병이 생긴다.

(2) 발생하기 쉬운 조건

- 병에 약한 품종을 심었을 때
  - 과상2호, 대성, 익수, 대자, 대심 등은 비교적 약함
  - 청일뽕, 수성뽕 등은 보통이며, 심강, 새알찬은 비교적 강함

- 뽕나무 눈이 트고 잎이 피어날 때(꽃이 필 때) 습기가 유지되어 자낭반(버섯) 형성이 잘 될 때
  - 눈 틀 무렵 전후하여 비가 내리거나 습도가 유지되기 쉬울 때
  - 떨어진 뽕잎 등을 치우지 않은 곳
  - 싹트기(발아), 개엽기(꽃이 필 때)에 일교차가 심하여 이슬이 맺혀 습도가 높을 때
  - 그늘진 곳, 바람이 잘 통하지 않는 곳 등
  - 뽕밭 주위에 호수나 하천이 있어 습도가 높은 지역

- 전년도에 병이 발생하여, 병에 걸린 오디(균씨(균핵))가 땅에 많이 남아 있을 때

(3) 피해를 줄이는 방법

- 병이 발생하기 쉬운 발생 상습 지역에는 약한 품종을 심지 않는다.
- 방제약제 살포
  - 눈이 트고 잎이 피는 시기에 맞추어(4월 중하순 ~ 5월 상순) 방제약제인 티오파네이트메틸 수화제 또는 티오파네이트메틸트리플루미졸 수화제를 5~6일 간격으로 3회 정도 나무와 뽕밭에 고르게 뿌려준다.

  ※ 약제 살포 시 주의점 : 오디가 열린 이후에는 약제 살포 효과가 없고, 오디에 묻은 약제는 제거될 수 없으므로, 절대 뿌리지 않아야 한다.

- 재배에 의한 피해 경감
  - 비닐하우스 내에서 재배를 하면 피해를 일부 줄일 수 있다.
  - 병에 걸린 오디는 제거하여 준다.

- 배게심기(밀식)하지 말고, 가지다듬기(전지·전정)를 잘하여 바람이 잘 통할 수 있도록 해 준다.
• 친환경 방제법
- 3월 중하순까지 비료주기(시비)를 겸하여 퇴비와 석회를 뿌리고 흙갈이(경운)를 해주면, 오디 균핵(병든 오디)이 땅속에 묻히고, 석회 자체에도 살균력이 있어 자낭반의 형성을 억제하여 피해를 줄일 수 있다. 석회 살포량은 1,000㎡(300평)당 300kg(평당 1kg)이 적당하다.

〈그림 2-16〉 오디균핵병 피해 증상

- 석회보르도액이나 유황합제 등은 가지의 병 등에는 도움이 될 수 있으나, 오디균핵병에는 효과가 없으므로 주의하여야 한다.

마. 가지무름병

(1) 병증세(병징)

가을에 자른 가지에서 수액이 멈추지 않고 계속 나오면서 곰팡이가 피게 되고 가지는 흑갈색으로 썩는 증상이 나타난다.

3~4월에도 가지가 흑갈색의 길고 둥근 병 무늬 형태로 썩는데, 병에 걸린 가지는 온도가 높아지면 껍질이 잘 벗겨진다. 어린 묘목은 가지와 뿌리를 썩게 하여 말라 죽게 된다.

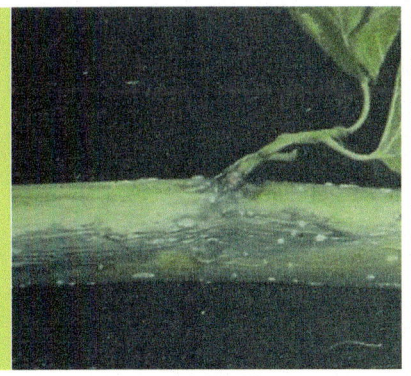

가지 피해 증상 　　　　　　　　　　새순 피해 증상

〈그림 2-17〉 가지무름병 피해 증상

(2) 전염경로

채소나 잡초류에도 기생하는 병으로 피해물이나 땅에 병원균이 들어 있다가 상처를 통하여 침입한다.

(3) 발병하기 쉬운 조건
- 가을철 가지를 잘라 준 후 비가 오거나 다습할 때
- 채소류 등 병에 걸렸던 땅에 뽕나무를 심을 때
- 질소질 비료 과용이나 썩지 않은 소, 돼지 똥이나 병에 걸린 뽕가지를 넣었을 때
- 좀벌레 등 해충 피해를 받거나, 가지에 상처가 많을 때
- 병에 약한 품종을 심었을 때

(4) 방제법
- 비 오는 날 가지를 자르지 말고 걸게 가꾸기(다비재배)를 하지 않는다.
- 뽕나무 좀 등 해충 방제를 철저히 한다.
- 채소류의 사이짓기(간작)를 하지 않는다.

바. 뽕나무 줄기마름병(胴枯病)

(1) 병증세(병징)

가지의 중간과 밑부분 움푹한 곳에 암갈색의 병 무늬가 생기고 점차 그 위에 꺼칠꺼칠한 혹들이(병 홀씨(포자)) 나온다. 병에 걸린 가지는 병 무늬가 여러 개 생기거나 확대되면서 병 무늬 위쪽의 가지는 말라 죽는데 특히 그루머리 부분에 발생하는 경우가 많다.

줄기마름병 피해 증상

가지의 증상

〈그림 2-18〉 줄기마름병 피해 증상

(2) 전염경로

병원균은 가을부터 겨울 동안 뽕나무 가지의 껍질눈(피목(皮目))이나 상처를 통하여 침입한다.

(3) 발생하기 쉬운 조건

- 눈이 많이 오는 지방에서 눈이 오랫동안 녹지 않고 쌓여 있을 때
- 뽕나무 가지에 상처가 많을 때
- 가을철 다시 싹트기(재발아)에 의하여 뽕나무의 영양 소모가 많을 때

(4) 방제법

- 효과 빠른(속효성) 질소의 과용을 피한다.
- 9월 상중순에 적용약제인 티오파네이트메틸 수화제를 10일 간격으로 2회 뿌린다.

사. 뽕나무 녹병

(1) 병증세(병징)
어린싹과 잎 표면, 잎맥이 약간 볼록하게 튀어나오며 노란색의 작은 혹이 생긴다. 새순에는 갈색이나 검은색의 병 무늬가 생기다가 적황색의 혹이 있는 병 무늬로 변하게 되며 때로는 새순이 굵어지고 적황색으로 변하는 피해를 주며, 잎오갈세균병(축엽세균병)으로 혼동하는 수가 많다. 이 병은 4월 말부터 9월까지 발생한다.

(2) 전염경로
병에 걸린 가지와 겨울 눈 부근에 침입하여 곰팡이실(균사)의 형태로 겨울을 지낸 뒤 이듬해 5월부터 홀씨(포자)를 내어 전염한다.

(3) 발생하기 쉬운 조건
- 장마철 저온(15~20℃)다습할 때
- 일조가 부족하고, 베게심기(밀식) 한 뽕밭
- 전년도 병에 걸린 가지를 뽕밭에 그대로 방치할 때

(4) 방제법
- 병에 걸린 새순과 가지는 발견하는 즉시 잘라 태운다.
- 12월부터 이듬해 3월 사이에 병에 걸린 부분을 잘라 태운다.
- 발병 시기에 적용약제인 티오파네이트메틸 수화제를 1~2회 뿌린다.
  (오디가 익어 갈 때는 방제를 할 수 없으므로, 예방 위주로 약제 살포 및 병에 걸린 가지를 제거)

새순 피해 증상

오디 피해 증상

〈그림 2-19〉 녹병 피해 증상

3 오디 수확 및 이용

오디 수확

오디는 품종에 따라 약간 다르지만, 5월 하순경부터 익기 시작하여 6월 중순경까지 2~3주 간에 걸쳐 대부분 익는다. 오디 생산 시 가장 노력이 집중되는 시기는 수확기로, 이때 수확 노력 부족 등으로 수확이 지연되거나, 바람 등에 의해 열매가 떨어져(낙과되어) 버려지는 오디가 많이 발생하게 된다.
따라서 오디 수확 능률을 높일 수 있고, 떨어져 버려지는 열매(낙과)를 수집하여 활용할 수 있는 방법으로 수확한다.

가. 낮추만들기 뽕밭에서의 수확방법

대부분의 농가에서는 손으로 수확을 하고 있으나, 아래 그림처럼 오디 생산용 뽕밭 이랑사이에 장치를 설치할 수 있다. 오디가 익기 전에 열매가 떨어지는(낙과되는) 오디를 수집할 수 있도록 그물을 지탱할 수 있는 그물을 설치하여 둔다. 이로써 오디 수확기에 열매가 떨어지는(낙과되는) 오디를 수집활용한다.
또한 오디 수확 시 잘 익은 오디만 떨어지는 품종의 경우, 가지를 흔들어 익은 오디를 떨어지게 하여 수확하면 수확 노력을 크게 줄일 수 있다.
장치는 뽕나무 식재 이랑 넓이에 따라 폭을 조정하여 제작 활용하도록 한다. 장치 제작에 소요되는 자재는 아래 표와 같으나, 뽕밭의 상황에 따라 규격을 변경하여 제작 활용하면 된다.

〈표 2-3〉 오디 수확장치 재료 및 재원

부품명	규격(mm)	재질
사각 파이프	20 × 20 × 1.2T	아연도금
그물망 지지파이프	20 × 20 × 1.2T	아연도금
그물망(오디 수집망)	벌집망사(10 × 10)	폴리에틸렌
브라켓(파이프 지지대)	80 × 180 × 1.2T	폴리프로필렌

오디 수확장치 조립

오디 수확장치 설치

〈그림 2-20〉 낮추만들기용 오디 수확장치

나. 중간만들기 뽕밭에서의 수확방법

오디 수확장치는 낮추만들기 뽕밭에서 적용할 수 있는 기술이나, 나무를 중간만들기 이상으로 크게 재배할 경우에는 이 방법을 적용할 수 없다. 따라서 오디가 낙하 충격으로 상하지 않도록 바닥에 볏짚 등을 깔고 비닐이나 그물을 쳐서 수확하거나, 아래 그림처럼 뽕밭에 파이프를 박아두고 빛 가림망(차광망)을 설치하여 수확할 수도 있다.

파이프를 땅에 박는다.

빛 가림망(차광망)을 나무에 묶는다.

파이프에 빛 가림망(차광망)을 지그재그로 묶는다.

떨어진 열매(낙과)를 수집하거나 가지를 흔들어 오디를 수확한다.

〈그림 2-21〉 중간만들기 오디 수집망 설치 순서

다. 수확 시 주의사항 및 수확 후 관리

오디는 땅에 떨어지면 당도가 급격히 낮아지고, 흙이나 이물질이 묻을 뿐 아니라 상하기 쉬우므로 절대로 수확한 오디에 넣지 말고 버려야 한다. 단, 나무 밑에 그물을 쳐 놓으면 떨어진 오디라도 바로 모아 버리지 않고 활용할 수 있다. 청일뽕과 같이 익은 오디가 잘 떨어지는 품종은 익는 시기에 맞춰 3~5회에 걸쳐, 나무 아래 그물망을 치고 흔들어 떨어지게 하여 모은다. 대성뽕, 대심뽕(상베리)과 같은 품종은 오디가 크고, 저절로 잘 떨어지지도 않으며, 한 나무에서도 익는 시기의 차가 크다. 따라서 이는 손으로 따서 생과용으로 출하하면 좋은 값을 받을 수 있다.

오디가 수확되는 시기는 기온이 높은 데다가, 오디는 수분과 당 함량이 높아 저온에 보관하여도 쉽게 변질된다. 따라서 오디는 수확 후 바로 소비자 또는 가공업체에 판매하거나, 냉동 보관한 다음 판매하여야 하므로 냉동창고가 필요하다. 오디는 영하 45℃ 이하의 온도에서 급속냉동 후, 20℃ 이하의 냉동고에 보관하면 좋은 품질을 유지할 수 있다.

오디 생산성 및 수요 전망

가. 생산성

오디의 생산성은 품종, 나무의 나이, 관리방법 특히 나무의 모양과 전정 기술에 따라 큰 차이를 보일 수 있으나, 대체적으로 10a당 800~1,000kg를 생산할 수 있으며, 일부 재배의 경우 2,000kg 이상 수확하는 농가도 있다. 따라서 농가의 적절한 관리 정도에 따라 오디 수량성에는 큰 차이가 있으므로 작업 시기별로 적절한 기술을 투입하여 관리하면 수량성을 크게 높일 수 있다.

나. 오디의 수요 전망

오디는 주로 생과 또는 냉동판매로 소비자에게 직접 판매되고 있으며, 일부 지역에서는 농협에서 수매하여 유통망을 통하여 냉동판매를 하고 있다.

일부 가공회사에서 수매한 뒤 주스, 잼, 과실주 등으로 가공하여 판매하고 있으나 판매 비중은 생산량의 10%에도 미치지 못하고 있다.

오디 판매가격은 판매지역, 판매처, 판매가격 등에 따라 다르지만 소비자 직판이 가장 높고, 농협수매, 가공원료로 판매하는 순으로 낮았다. 판매가격은 kg당 4,000~10,000원 정도에 많이 거래된다.

판매방법별 판매 비중은 소비자 직접 판매가 80% 이상, 가공공장에의 판매 및 농협수매는 10%에도 미치지 못하는 것으로 추정된다.

현재 오디는 즙과 잼으로 가장 많이 이용되고 있다. 또 음료나 술, 과자, 빵 등으로 가공판매 하거나, 생산을 준비하고 있는 회사들이 여러 곳 있고, 생산농가나 단체에서 즙으로 생산 판매하고 있어 가공제품으로의 소비가 크게 늘어날 전망이다.

또한 생과일 아이스크림이나 생과일 음료로서 가능성이 매우 높으며, 앞으로 식품 개발과 홍보에 따라 소비 추세는 증가될 것으로 예상된다.

다. 맺는말

오디는 중장년층에게는 먹을 것이 부족하던 시기에 손과 입에 검은색 오디물을 들이며 맛있게 따먹던 친숙한 과실이다. 오늘날 오디는 맛도 달고 상큼하며, 색깔도 아름다워 누구나 쉽게 즐길 수 있는 산물이다.

뽕나무는 척박한 땅에서도 적절한 토양관리와 거름 주어 가꾸기(비배관리)를 하면 재배가 가능하고, 농약을 적게 써도 오디 생산이 가능한 환경친화형 작물이다. 특히 가지다듬기(전지·전정) 방법 등이 까다롭지 않아, 기술력이 부족한 농가에서도 오디 수확이 가능하다.

예로부터 전해 오는 약효에 대한 기록은 많지만, 아직 현대 과학에 의해 밝혀진 정도는 미흡한 형편이다. 하지만 장수로 연결되는 항노화성분(C3G)과 항암효과가 있는 것으로 알려진 레즈베라트롤이 다량 들어 있고, 혈당을 낮춰주는 성분이 많이 함유되어 있는 것이 밝혀져 당뇨병이 있는 사람도 안심하고 먹을 수 있는 등의 이유로 수요는 지속적으로 늘어날 전망이다.

특히 오디는 가공성이 좋아 음료(즙, 주스), 술, 잼 등으로 개발·판매되고 있고, 여러 상품으로 가공되고 있어 성장성이 매우 높은 과실이다.

2장 오디 생산용 뽕나무 재배

1. 오디의 생산 특성

- ▶ 뽕나무는 척박한 땅에서도 비교적 잘 자라고, 농약을 적게 뿌려도 오디를 생산할 수 있어 뽕나무 재배는 친환경 농업이라 할 수 있다.
- ▶ 오디는 6월 중하순경(장마 시작 전)에 거두기가 끝나 기상재해에 의한 피해가 적다.
- ▶ 오디의 껍질은 연하기 때문에 거둔 후 바로 판매하거나, 냉동저장한 후 판매해야 하므로 냉동창고가 필요하다.
- ▶ 오디를 생산할 때는 △어떻게 판매할 것인가 △어떤 품질을 재배할 것인가 △나무모양은 어떻게 만들 것인가를 고려해야 한다.

2. 뽕나무 재배

- ▶ 오디 생산용으로 육성된 뽕 품종은 대성뽕(휘카스 4X), 대자뽕, 대붕뽕, 수홍, 심흥, 대심뽕, 상촌뽕, 수항뽕이 있다.
- ▶ 2004년 장려 품종인 대성뽕은 오디의 당도가 비교적 낮지만 기능성 성분인 C3G와 레즈베라트롤이 매우 많이 들어 있다. 뽕나무를 심은 후 2년부터 오디를 맺고, 많은 양을 생산하지만 오디균핵병에 약하다.
- ▶ 2006년 육성한 대자뽕은 오디가 크고 당도가 높다. 그러나 껍질이 매우 연해 쉽게 형태가 깨진다.
- ▶ 뽕나무를 심을 때는 한 품종만 심지 말고 2~3품종을 같이 심어 병해 충이나 기상재해에 대비하도록 한다.
- ▶ 뽕나무는 가을 낙엽이 진 후부터 이른 봄 눈트기까지 물이 잘 빠지면서도 건조하지 않은 땅에 심는다.
- ▶ 오디뽕나무의 모양 만들기는 낮추만들기, 중간만들기, 교목만들기 등이 있다.

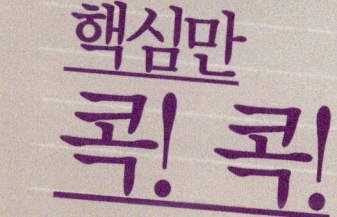

- 낮추만들기는 그루당 오디 생산량은 많지 않지만 가지 위까지 손이 닿아 품질이 우수한 오디를 수확해 생과로 출하하기에는 좋다.
- 중간만들기는 높이 달린 오디는 밑에 비닐을 깔고 수확해야 하는 번거로움이 있지만 그루당 수량이 높고 관리법도 비교적 쉽다.
- 교목만들기는 나무가 커질수록 오디가 작아지지만 수확량을 크게 높일 수 있는 품종도 있다.
- 오디 뽕밭에서 가장 문제가 되는 해충은 뽕나무이와 뽕나무애바구미이고, 병은 오디균핵병이다. 방제 시 생산물에 농약이 남아 있지 않도록 예방 위주로 방제하도록 한다.

3. 오디 수확 및 이용

- 오디는 5월 하순경부터 익기 시작해 6월 중순경까지 2~3주면 대부분 익는다. 이 기간 동안 노동력이 집중되므로 수확능률을 높일 수 있는 방법으로 수확한다.
- 낮추만들기 뽕밭에서는 대부분 손으로 수확을 하지만 이랑사이에 그물을 설치해 오디 수확기에 떨어지는 오디를 수집할 수 있다. 잘 익은 오디만 떨어지는 품종의 경우, 가지를 흔들어 수확하면 수확노력을 크게 줄일 수 있다.
- 중간만들기 뽕밭에서는 오디가 떨어지는 충격으로 상하지 않도록 바닥에 볏짚 등을 깔고 비닐이나 그물을 쳐서 수확하거나 차광망을 쳐서 수확할 수도 있다.
- 오디는 주로 생과 또는 냉동 상태로 소비자에게 직접 판매되고 있다.
- 오디 수확량의 10% 정도는 가공공장에 판매되고 있다. 즙과 잼으로 가장 많이 이용되고 있으며 음료, 술, 과자, 빵 등으로 가공판매하는 등 가공제품으로의 소비가 크게 늘어날 전망이다.

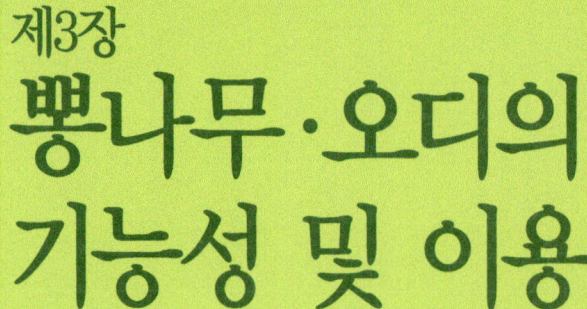

제3장
뽕나무·오디의 기능성 및 이용

1. 뽕잎의 기능과 성분
2. 오디의 기능성 성분
3. 뽕잎·오디 이용 기술

뽕잎은 당뇨병 예방 및 치료 효과, 고혈압, 콜레스테롤 억제 및 동맥경화 예방 효과 등 현대과학에서 그 효능이 속속 입증되고 있다. 오디 또한 노화를 억제하는 C3G 성분과 피부의 탄력을 높이는 레스베라트롤을 함유하고 있어 뽕잎과 오디를 이용한 기술이 점차 개발되고 있다.

01 뽕잎의 기능과 성분

가. 뽕잎은 왜 좋은가?

뽕잎이 좋다는 주장은 최근의 일이 아니다. 뽕잎은 2,200여 년 전부터 먹어 왔다. 세계 최초의 의약서인 신농본초경(神農本草經)에 뽕잎과 뽕나무 뿌리껍질인 상백피(桑白皮)가 약으로 좋다고 기록되어 있는데 뽕나무를 생약으로 먹은 역사는 길다.

그 후 소송(蘇頌), 신선복식방(神仙服食方), 끽다양생기(喫茶養生記), 오처경(吾妻鏡), 본초강목(本草綱目) 등 중국과 일본의 한방책에 뽕잎의 효과와 먹는 방법 등이 많이 기록되어 있다.

우리나라에서의 기록은 조선조 선조 때 허준의 동의보감(東醫寶鑑)에 "뽕잎은 따뜻하고 독이 없으며 각기(脚氣)와 수종(水腫)을 없애주고 대·소장을 이롭게 하며 하기(下氣)하고 풍통(風痛)을 없앤다(桑葉暖 無毒 除脚氣水腫 利大小腸 下氣除風痛)"라고 남아 있다.

중국의 의서에 기록된 뽕잎의 기능은 "풍을 쫓아 주고 폐의 열을 없애준다. 감기로 오는 열과 두통, 기침을 치료해 주고 가래를 없애준다. 눈과 간을 깨끗하게 해 주고 음허(陰虛)와 풍열로 생긴 눈병을 치료해 주고, 눈의 충혈, 건조, 통증 등을 치료해 준다"라고 알려져 있다.

"뽕잎을 달여 졸인 진액(津液)은 포도상구균에 대해 억제작용이 있으며 그 주사액은 하지(下肢)의 상피증병을 치료할 수 있고 또 수술자리와 화농성 누관(漏管)을 빨리 아물도록 촉진하고 피부의 상처를 건조하게 한다"고 기록되어 있다. 중국의 청초점(靑草店)에서 당뇨병, 뇌 중풍, 각기병 등을 치료하는 데 이용되고 있다.

114

검은콩과 썬 뽕잎, 쌀을 넣어 끓인 뽕잎죽(桑葉粥)은 당뇨병에 특별한 효과가 있다고도 기록되어 있다.

일본에서의 뽕잎차에 대한 역사는 가마꾸라(鎌倉)시대까지 거슬러 올라간다. 가마꾸라시대 초기 임제종(臨濟宗)의 개조인 영서(榮西) 승려(1141~1215년)는 송나라를 여행하고 돌아오는 길에 차를 가지고 와서 마시는 풍속을 널리 편 첫 번째 인물이다. 영서가 쓴 끽다양생기에서 "뽕차는 선약(仙藥) 중 제일 귀중한 것"이라 하였다.

오처경(吾妻鏡)에서는 장군(將軍) 원실조(源實朝)가 병이 들었을 때 양약(良藥)으로 뽕잎차를 받쳤다는 기록이 있다. 이런 영향을 받아 현재 일본의 여러 지방에서는 지역의 특산품으로 뽕잎차를 개발하여 많은 사람들이 마시고 있다.

나. 뽕잎의 기능성 성분과 채소로서의 가치

(1) 뽕잎의 기능성 성분

뽕잎에는 매우 다양한 성분이 함유되어 있다. 50여 종의 각종 무기성분이 분석되었으며 특히 칼슘(Ca), 칼륨(K)과 철(Fe)은 함량이 매우 높으며, 아미노산은 메치오닌(Methionine) 등 21종이 있다. 또한 구와논(Kuwanon) 등 유기성분이 59종 검출되었다. 이들 유기성분은 뽕잎과 뽕나무 뿌리껍질에서 처음으로 확인된 것들이 상당수에 이르며 그중 기능성이 밝혀진 성분은 표와 같다.

〈표 3-1〉 뽕잎 함유 천연활성물질과 약리효과

물 질	약리효과
Rutin	모세혈관 강화 (중풍 예방)
GABA(γ-aminobutyric acid))	혈압강하
Kuwanon	항세균, 혈압강하
Mulberrofuran	혈압강하
Moracenin	혈압강하
Sanggenone	혈압강하
Moracin, Dimoracin, Chalcomoracin	항균작용
Umbelliferone	소염작용
Morusin	항종양
Deoxynojirimycin(DNJ), N-Me-DNJ, GAL-DNJ, DAB, Calistegin, Fagomine	항당뇨

(2) 채소로서의 가치

뽕잎은 아주 영양가가 높은 잎채소라고 할 수 있다. 누에가 뽕잎만 먹고 단백질 덩이인 비단실을 토해 낼 수 있는 것은 뽕잎이 풍부한 단백질을 지니고 있기 때문이다. 평균 조단백질이 20% 이상 들어 있고 어린잎에는 40%까지 들어 있어서 식물 중에서는 콩을 빼 놓으면 뽕잎만큼 단백질이 많은 것은 없다.
영양가뿐만 아니라 현대인들의 식생활 문제점을 잘 보완해 줄 수 있는 장점들을 고루 지니고 있기 때문이다.
뽕잎은 필수 아미노산뿐만 아니라 여러 가지 종류의 아미노산이 들어 있고, 미네랄과 섬유소 함량이 현저히 높다.

- 미네랄

뽕잎에는 미네랄이 풍부하게 들어 있다. 특히 칼슘과 철분이 풍부하여 자라는 어린이나 노인들에게 이롭다. 무와 비교하면 뼈를 튼튼하게 하는 칼슘은 50배, 혈액의 원료가 되는 철분은 160배, 핵산의 원료가 되는 인은 10배나 더 많이 들어 있다. 녹차와 비교하여도 칼슘은 4배, 철분은 2배나 많다.

- 식이 섬유

섬유소는 변비를 없애 주고 비만을 막아 주는 기능이 있다. 현대인은 씹는 것을 싫어하며, 즐겨 먹는 음식 중에서도 섬유소가 적어 섬유소의 섭취가 적다. 뽕잎에는 식이 섬유가 52%나 들어 있어서 녹차의 11%에 비해 약 5배나 높다. 뽕잎에 있는 식이 섬유는 물에 잘 녹지 않아 몸속에 있는 독성 물질의 배설을 도와주고, 장의 운동을 활발하게 해준다.

〈표 3-2〉 뽕잎 중의 미네랄과 식이 섬유 함량 비교(마른 잎 100g 중 mg)

구분	칼슘	철	칼륨	비타민[효과(IU)]				식이 섬유 (%)	가바	루틴
				A	B_1	B_2	C			
뽕잎	2,699	44	3,101	4,130	0.6	1.4	32	52	250	380
녹차	440	20	2,200	7,200	0.4	1.4	250	11	25	100

- 비타민

뽕잎 중의 비타민을 녹차와 비교하면 녹차에 비해 비타민 A와 C는 다소 적지만, 다른 채소의 잎보다는 높다. 비타민은 병에 걸리는 것을 막아 주며, 철의 흡수를 돕고, 늙는 것을 막아 주는 효능이 있다. 이 밖에도 늙는 것을 막아 주는 카로틴, 엽록소 등 여러 색소들이 풍부하게 들어 있다.

다. 연구에서 밝혀진 뽕잎의 기능성

최근 연구를 통해 밝혀진 뽕잎의 효능은 아래와 같다.

(1) 음료수 속의 중금속 제거와 몸 밖으로의 배출

중금속을 녹인 물에 뽕잎을 넣고 끓이면 상당량의 중금속이 뽕잎에 흡착되어 물로부터 제거된다. 즉 카드뮴과 납 1ppm을 넣고 끓이면 카드뮴은 84%, 납은 50%가 뽕잎에 흡착되어 물에서 없어지고 10ppm을 가하면 카드뮴과 납이 각각 45%, 26%가 없어진다.

흰쥐에 카드뮴만 먹인 것은 간에 카드뮴이 2.089㎍/㎏이나 축적되어 있지만 카드뮴과 함께 뽕잎을 먹인 것은 0.968㎍/㎏으로 먹이지 않은 것에 비해 54%나 제거된 것을 알 수 있다. 즉 카드뮴을 먹였어도 뽕잎을 먹으면 간 조직에 축적된 카드뮴의 반 이상이 체외로 배출된다는 것을 의미하고 있는 것이다.

한편 납은 뽕잎을 먹이면 먹이지 않은 것에 비해 13% 더 많이 변으로 배출되고 있다.

이러한 결과를 종합하면 뽕잎은 중금속을 대소변을 통해 체외로 배출시켜 몸속의 간과 다른 장기에 축적되는 것을 막아 주는 효과를 가지고 있다.

〈표 3-3〉 뽕잎차의 중금속 흡착 효과

물의 중금속 농도(ppm)	뽕잎에 흡착된 카드뮴 양(%)	뽕잎에 흡착된 납 양(%)
1	84	50
10	45	26

(2) 항산화 효과

식물이나 식품에는 페놀성 화합물, 비타민 등 항산화 활성을 가지는 각종 식물화학물질(Phytochemical : 식물체에서 유래된 물질로서 일반적으로 영양소로 작용하지는 않으나 생리활성을 나타내는 화합물)이 다양하게 함유되어 있다. 식물계에 널리 분포되고 있는 페놀화합물은 항산화 및 항미생물 효과를 나타낸다. 특히 과일이나 채소에 다량으로 함유된 천연 항산화 물질들은 산화적 스트레스 수준을 줄일 수 있는 잠재 가능성을 가지고 있기 때문에 많은 관심이 집중되고 있다.

이러한 점에서 뽕잎 또한 예외일 수 없다. 뽕잎과 돼지기름을 섞어 놓으면 돼지기름만 놓은 것보다 늦게 상한다. 상한다는 것은 산화되는 것을 의미한다. 이 같은 현상은 뽕잎에 산화를 억제하는 성분이 다량 들어 있음을 뜻한다. 즉 세포를 늙게 만드는 활성산소를 없애 주는 항산화 물질이 많이 들어 있어서 늙는 것을 예방해 준다.

표에서 보는 바와 같이 지질이 산화되는 것을 억제하는 효과가 녹차와 같은 정도로 매우 높다.

〈표 3-4〉 녹차와 뽕잎추출물의 항산화 효과(TBA법)

구분	지질 과산화 억제 효과(%)
녹차 추출물	55.3
뽕잎 추출물	53.4

(3) 혈액 속의 콜레스테롤을 낮춰 주는 효능

현대인들 특히 고기류를 많이 먹는 서구인들은 콜레스테롤 때문에 골치를 썩는다. 심장병이나 순환계 계통의 질환이 사망의 큰 원인인데 그 원인이 콜레스테롤로부터 오기 때문이다. 이런 문제는 요즘 우리나라 사람들에게도 심각한 문제로 다가오고 있다.

콜레스테롤은 우리 몸에서 지방을 운반해 주므로 꼭 필요한 성분이지만, 해로운 콜레스테롤인 저밀도 콜레스테롤(LDL)이 많으면 심장병과 동맥 경화와 같은 성인병을 가져오는 성분이기도 하다. 고기를 많이 먹는 현대인들의 혈액 속에는 콜레스테롤 수치가 높다.

뽕잎에는 콜레스테롤의 수치를 떨어뜨리는 성분이 있다. 콜레스테롤이 정상인 토끼에게 콜레스테롤을 먹이면 핏속에 처음에는 수십 mg/dl에 불과하던 수치가 10주 사이에 무려 2,500mg/dl까지 높아진다. 이와는 대조적으로 콜레스테롤과 뽕잎을 함께 먹이면 수치가 완만하게 높아지고 1,200mg/dl 정도에서 그치고 만다.

핏속의 중성지질을 측정해 본 결과 중성지방이 정상은 34.5mg/dl인데 비해 인위적으로 고지혈증을 일으킨 것은 49.3mg/dl으로 71% 증가하였으며 고지혈증인 흰쥐에 뽕잎 추출물을 몸무게 1kg당 0.1g 먹인 것은 43.8mg/dl로 37%나 정상치로 회복되었고, 몸무게 1kg당 1g을 먹인 것은 더 많이 떨어져 37.5mg/dl로 정상치의 80% 수준으로 회복되었다.

즉 뽕잎을 먹이면 지방을 분해하는 효소인 리파아제를 5~16%나 활성화시켜 지방분해를 촉진시키고 지방 성분이 말초 조직까지 가지 않도록 하기 때문이다.

이상과 같은 동물실험을 통해 얻은 결과가 사람에게는 어떻게 영향을 미치는가를 확인하기 위해 20대 초반의 성인에게 뽕잎가루를 먹였다. 그 결과 혈청 중의 중성지방 농도가 108mg/dl이었는데 6주 후에는 81mg/dl로 현저히 줄었으며 총콜레스테롤도 170mg/dl에서 167mg/dl로 다소 줄었는데 이것은 저밀도 콜레스테롤이 준 대신 고밀도 콜레스테롤이 증가된 때문이라고 판단되었다.

뽕잎을 먹이면 동맥경화증에도 매우 큰 효과를 보이는데 콜레스테롤과 중성지방을 떨어뜨리는 결과 때문이라고 본다.

〈표 3-5〉 고지혈증 흰쥐의 혈중 콜레스테롤 수치에 미치는 뽕잎 추출물의 효과

구분	혈청 지질 함량(mg/dl)	
	총콜레스테롤 함량	고밀도 콜레스테롤 함량/총콜레스테롤 함량 비
정상군	36.7(100)	0.82(100)
고지혈 유도군	63.0(0)	0.50(0)
고지혈+뽕잎추출물 먹인 군 (0.1g/kg 체중)	73.5(0)	0.68(56)[*]
고지혈+뽕잎추출물 먹인 군 (1g/kg 체중)	50.2(0)	0.79(91)[***]

(4) 혈당을 떨어뜨리는 효능

누에가루의 혈당강하 효과는 누에가 먹은 뽕잎에서 온다. 당뇨병을 일으킨 흰쥐는 체중이 떨어지지만 뽕잎을 먹이면 체중이 정상 쥐와 같은 수준을 유지하는 한편 혈당도 떨어진다. 즉 정상 쥐는 혈당이 73mg/100dl인데 비해 당뇨병에 걸린 쥐는 275mg/100dl로 현저히 올라갔으며 당뇨병 약인 아카보즈는 153mg/100dl로 60%의 회복을 보였으며 혐기처리(발명특허 제155138호)한 뽕잎을 먹인 쥐는 107mg/100dl로 정상에 가까운 83%의 회복률을 보였다.

〈표 3-6〉 뽕잎의 고혈당 생쥐 혈중의 글루코스 함량에 미치는 효과

처리구	혈중 글루코스 농도
정상군	73(100)
당뇨유발군	275(0)
2% 아카보즈	153(60)**
20% 혐기처리 뽕잎	107(83)***

한편 당뇨병에 걸린 쥐에 포도당을 먹이고 2시간 후 혈당을 재보았더니 정상 쥐는 62mg/100dl인 반면 당뇨 쥐는 394mg/100dl이었고 혐기처리 뽕잎을 먹인 쥐는 76mg/100dl으로 정상의 95%까지 회복되었다.

〈표 3-7〉 뽕잎의 고혈당이 유도된 생쥐의 당부하에 미치는 효과

처리구	당부하 전 혈중 글루코스	당부하 30분 후 혈중 글루코스	당부하 120분 후 혈중 글루코스
정상군	52	187	62(100)
당뇨유발군	287	220	394(0)
2% 아카보즈	230	476	299(29)
20% 혐기처리 뽕잎	108	420	76(85)***

뽕잎은 혈당을 떨어뜨리는 효과뿐만 아니라 예방하는 효과도 있다. 즉 나이를 먹으면 당뇨병에 걸리게 되는데 이는 이자의 랑켈한스섬 조직에 베타세포가 없어져 인슐린을 만들지 못하게 되기 때문이다. 그 결과 혈당이 올라가게 되는데 이런 흰쥐에게 생후 6주일부터 뽕잎을 사료에 섞어 먹이면 당뇨병이 예방되며

핏속의 인슐린 함량도 높은 것을 알 수 있다. 베타세포를 보면 뽕잎을 먹이지 않은 것은 텅 비어 있지만 뽕잎을 계속 먹인 것은 정상보다는 작지만 베타세포가 상당히 유지되고 있다.

또 당뇨병을 일으키는 약을 매일 먹이면 당뇨병이 일어나지만 뽕잎과 같이 먹이면 당뇨병에 걸리지 않는다. 이것으로 보아 뽕잎은 당뇨병을 예방하는 효과가 있음을 알 수 있는 것이다.

당뇨환자들은 당뇨병약을 계속 복용하면서 보조식품으로 뽕잎을 꾸준히 차나 가루 등으로 먹는 것이 도움이 될 것으로 생각된다.

(5) 동맥경화에 대한 효과

동맥경화는 소리 없는 살인자라고 할 만큼 서서히 진행되다가 갑자기 심장마비를 일으키는 병이다. 혈관에 콜레스테롤, 중성지방이 붙게 되고 점차 석회성분이 작용하여 동맥벽이 두꺼워지고 딱딱해져 탄력성이 떨어지면 이것이 바로 동맥경화증에 걸리게 되는 것이다. 늙으면 누구나 동맥경화가 오지만 관리를 잘하면 늦게 오고 잘못하면 빨리 온다.

동맥경화는 혈관에 생기는 병이므로 몸의 어떤 부분에나 올 수 있지만 대동맥, 뇌, 심장, 신장 등의 혈관에서 일어나면 병이 된다.

대동맥에 생기면 동맥류(動脈瘤 : 동맥관에서 생기는 혹으로 피의 흐름을 방해하고, 손발이 저리다), 뇌에 생기면 뇌혈전 동맥경화증, 뇌출혈 등 반신불수가 되는 중풍의 원인이 되며, 심장에는 협심증, 신장에는 신동맥경화증 등이 발생한다.

특히 심장의 혈관과 관련되는 병, 즉 순환기 병이 현재 사망률 1위가 되었고 협심증은 40대 돌연사의 원인 중 하나로 꼽히고 있다. 협심증은 도려내는 듯한 가슴 통증으로 목이 졸린 것 같이 숨이 막히는 증상을 보인다. 협심증은 심장 벽에 붙어 심장에 양분을 공급하는 관상동맥이 동맥경화를 일으키는 것이 주 원인이다.

(6) 뇌졸중(중풍)에 대한 효과

뇌졸중은 우리나라 노인들의 사망 원인 중 제1위를 차지하는 병이다. 이 병으로

1년에 15만 명 이상이 사망하고 있다고 한다. 죽음에 이르지 않아도 늘 누워 지내야 하므로 환자 본인은 물론 대소변을 받아내는 가족들의 고생은 이만저만이 아니다.

졸증(卒症)이란 말은 무엇에 얻어맞아 나가떨어진 상태를 말하는 것인데 뇌졸중의 경우 이런 증상이 뇌에서 일어난다.

뇌졸중은 뇌 속의 혈관이 막히거나 터져 생기는 병인데 막히는 쪽보다 출혈 때문에 일어나는 경우가 훨씬 더 많다. 뇌 속에서 터진 피는 운동섬유를 끊어지게 하여 터진 곳의 반대편 팔다리를 움직이지 못하게 하여 반신불수가 된다.

구민묘약(救民妙藥)이라는 옛 의서를 보면 중풍 약으로 누에똥과 뽕잎이 좋다고 기록되어 있다. 이 기록에는 약용으로 쓸 때는 6월경 햇볕에 말린 뽕잎을 하루는 10~20g 정도 3컵의 물에 넣어 반으로 졸여 차로 마신다고 되어 있다. 이것이 피를 보해 주는 것(補血), 강장, 동맥경화 예방, 기침해소, 해열 등에 효과가 있다고 한다.

그러면 뽕잎 중에 어떤 성분이 중풍에 효과가 있을까? 뽕잎에는 약 100가지 이상의 유용성분이 밝혀져 있다. 이 중에 특히 많이 들어 있는 루틴(Rutin) 성분은 혈관, 특히 뇌 속의 모세혈관을 튼튼하게 해 주고, 가바(GABA) 성분은 혈압을 떨어뜨려 준다. 뽕잎의 이러한 성분이 혈관을 튼튼하게 해 주고 혈압을 떨어뜨려 줌으로써 중풍이 예방되는 것으로 판단된다.

또한 아직 성분이 무엇인지 밝혀지지 않았지만, 뽕잎은 핏속의 콜레스테롤과 중성지질을 저하시키는 반면, 고밀도 콜레스테롤을 높이고 강력한 항산화 작용을 나타낸다. 이로써 동맥경화를 억제해 주고 혈관에 낀 기름덩이를 없애주는 한편 피의 유동성을 높여주고 혈관을 깨끗하게 만들어 주어 중풍을 막아주는 것으로 생각된다.

(7) 피를 맑게 하고 잘 흐르게 하는 효과

뽕잎은 피를 맑게 해주고 혈액의 흐름을 개선하며 혈관에서 딱지가 앉는 혈전이 일어나는 것을 억제해 주는 것으로 보고되고 있다.

뽕잎을 먹인 토끼의 혈장 성분인 프라스민은 활성이 증가되는데, 프라스민은 혈소판이 엉기는 것을 억제해서 피딱지가 혈관에서 만들어지지 않게 해준다.

특히 당뇨병에 걸린 토끼에게 뽕잎을 먹이면 혈액의 응집성을 억제시키나 정상적인 것에는 영향을 주지 않았다.

(8) 배변을 좋게 해주는 효과
뽕잎을 먹으면 대소변 보기가 아주 편해진다. 뽕잎에는 식이섬유 함량이 53%나 들어 있기 때문에 변비를 없애주는 효과가 있다. 뽕잎차를 먹고 나서 바로 소변이 보고 싶어지는 것은 바로 이뇨작용을 하는 성분이 들어 있기 때문이다.

(9) 암 발생을 억제해 주는 효과
뽕잎을 항암제라고까지는 말할 수 없지만 암 발생을 억제하는 효과가 크다.
간암에 걸리도록 한 흰쥐에게 뽕잎을 먹이고 140주 동안 조사한 결과, 먹이지 않은 쥐는 100마리 중에 54마리가 간암에 걸려 죽었지만 뽕잎을 먹인 것은 18마리에 그쳤다.
사람의 세포나 햄스터의 배양세포에 암이 일어나게 한 후 뽕잎 삶은 물을 넣은 것과 넣지 않은 것을 비교해 보면 뽕잎 삶은 물을 넣은 것에서 암세포가 최고 70%나 억제되었다.
이런 효과를 보이는 성분은 대부분 물에 녹는 성분이다. 그래서 뽕잎을 끓여 차로 마시거나 뽕잎을 가루로 만들어 먹으면 효과를 얻을 수 있다.

〈뽕잎차 만드는 방법〉

현재 우리나라에서는 영천의 양잠협동조합을 비롯해서 10여 군데에서 뽕잎차가 생산 시판되고 있고 일본의 여러 지역에서도 만들어지고 있다. 일본 뽕잎차를 설명하는 내용을 보면 "뽕나무는 수명을 연장시켜 주는 성스러운 나무(聖樹)로 여겨 왔습니다"라고 쓰여 있다. 이미 시판되고 있는 차를 사서 마시거나 주변에 뽕나무가 있으면 다음과 같은 방법으로 손수 만들어 마셔도 된다.

① 뽕잎을 따서 깨끗이 씻은 후 바람이 잘 통하는 그늘에 말린다. 뽕잎이 겹치지 않도록 얇게 잘 펴서 말리는데, 뽕잎을 자주 뒤집어 준다. 이때 선풍기를 이용하면 도움이 된다.

② 완전히 말린 뽕잎은 색깔이 있는 병이나 검은 비닐봉투에 밀봉하여 보관하되 엽록소가 변질되거나 습기가 차지 않도록 주의한다. 가능하면 어두운 곳에 보관하는 것이 좋다. 햇빛이 드는 곳에 두면 이로운 성분이 분해될 가능성이 있다. 필요 시마다 잘 말린 뽕잎을 알맞은 크기로 자른 후 약한 불로 살짝 볶아 풋내를 없앤다. 그러나 이 과정에서 많이 볶으면 유용성분이 파괴된다.

③ 더운 물에 녹차와 같은 방법으로 뽕잎을 우려 마신다. 3분 정도 우리면 유용 성분의 80%가 녹아 나온다.

④ 음료수로 마실 경우에는 주전자에 마시기 좋을 정도로 뽕잎을 넣고 끓여 뽕잎을 제거한 후 냉장고에 넣어 놓고 수시로 마신다. 아미노산과 탄수화물, 기타 성분이 많이 함유되어 있어서 날이 더울 때에는 보리차나 옥수수차보다도 빨리 쉬므로 냉장고에 보관하여 마시는 것이 안전하다.

⑤ 맛을 좋게 하기 위해 뽕잎을 데치거나 쪄서 말리면 유용성분의 손실이 크므로 가능하면 생으로 말리는 것이 좋다.

02 오디의 기능성 성분

최근 뽕나무 오디에 대한 기능성 및 이용성에 대한 가치가 재조명되고 있다. 일본에서는 식용오디용 뽕나무 유망계통을 육성하여 오디용 품종으로서 '라라베리(Lalaberry)'와 '팝베리(Popberry)' 두 품종을 최초로 등록하였으며, 중국에서도 과실용 뽕 품종으로서 '홍과 1호(紅果 1號)'를 육성하여 보고하는 등 생식 및 기능성 식품의 원료를 생산하기 위한 연구들이 수행되고 있다.

우리나라의 경우 2002년부터 오디의 기능성이 TV와 신문 등을 통해 일반인에 소개됨에 따라 오디 생산용 뽕나무 재배 농가가 급격히 증가하였으며, 오디 전용 품종에 대한 요구에 부응하여 2004년 '대성뽕', 2006년 '대자뽕(맛나오디)', 2007년 '대붕뽕', 2008년 '수홍', 2009년 '심홍', 2010년 '대심(상베리)', 2011년 '상촌' 및 2012년 '수향'이 등록되었다.

뽕나무 열매인 오디가 식품 소재로서 각광을 받는 이유는 안토시아닌(Anthocyanin) 색소를 다량 함유하고 있어 천연색소를 이용하기 위한 차원에서 유망시되는 작물이기 때문이다. 또한 동의보감 탕액편(湯液篇)에 "까만 오디는 뽕나무의 정령(精靈)이 모여 있는 것이며, 당뇨병에 좋고 오장에 이로우며 오래먹으면 배고픔을 잊게 해준다(黑椹桑之精英 盡在於此 主消渴利五臟 久服不飢)"고 하고 "귀와 눈을 밝게 한다(明耳目)", "오디를 오래 먹으면 백발이 검게 변하고 노화를 방지한다(久服 變白不老)"라고 기록되어 있어 기능성에 있어서도 기대가 되는 작물이기 때문이다.

농촌진흥청 국립농업과학원에서는 오디 전용 뽕 품종 육성 및 재배법은 물론 뽕나무 오디의 기능성 성분과 이용방법에 대한 과학적 연구를 해오고 있다. 지금까지 밝혀진 뽕나무 오디의 기능성 성분에 대하여 정리하면 다음과 같다.

가. 오디의 영양학적 특성

오디 속에 존재하는 영양성분은 일반과실에 비해 전반적으로 높고, 특히 칼슘, 칼륨, 비타민 B1, 비타민 C의 함량은 후지 사과에 비해 각각 14배, 3배, 70배, 13배 높다고 하였으며, 신고 배에 비해서는 14배, 2배, 50배, 18배 높았고, 거봉 포도에 비해서도 11배, 2배, 35배, 9배 높으며, 감귤보다는 3배, 2배, 13배, 1.5배 높다.

〈표 3-8〉 오디의 영양성분 분석(가식부 100g당 함유량)

종류	에너지 (kcal)	수분 (%)	단백질 (g)	지방 (g)	탄수화물		회분 (g)
					당질(g)	섬유소(g)	
채취지역A*	50	84.2	2.6	0.3	9.4	2.7	0.9
채취지역B**	46	87.2	1.6	0.2	9.3	0.9	0.7

종류	무기질					비타민				
	Ca (mg)	P (mg)	Fe (mg)	Na (mg)	K (mg)	A (I.U)	B_1 (mg)	B_2 (mg)	니아신 (mg)	C (mg)
채취지역A*	45	45	2.3	16	284	0	1.50	0.07	0.6	55
채취지역B**	61	31	2.0	17	203	0	1.30	0.11	0.3	49

* 수원시 권선구 서둔동
** 강원도 횡성군 횡성읍 영영포리

나. 오디의 기능성 성분

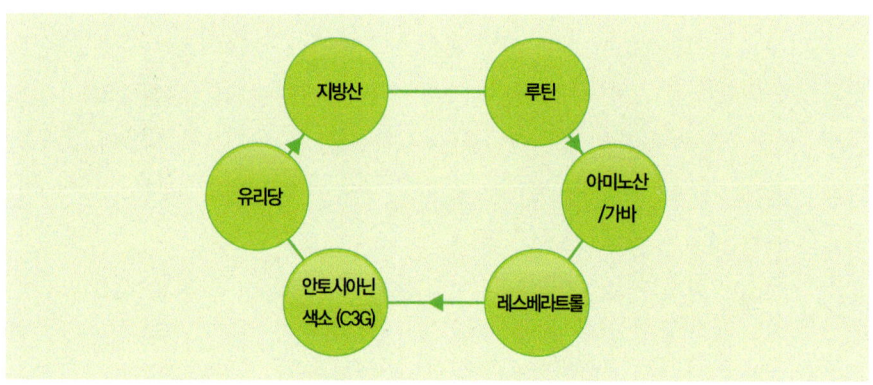

〈그림 3-1〉 오디에 함유된 다양한 기능성 물질

(1) 오디함유 안토시아닌(C3G) 색소

최근 천연색소에 대한 관심이 높아짐에 따라 식품이나 화장품 등에 첨가하여 기능성을 높이고자 하는 연구가 진행 중에 있고, 오디 중에 함유되어 있는 안토시아닌 색소를 추출하여 이용하고자 하는 연구도 시도되었다.

안토시아닌 색소는 식물학적으로 각종 곤충, 조류 등을 유인하여 화분의 수분 및 종자의 확산에 기여할뿐만 아니라, 노화억제, 당뇨병성 망막장애의 치료 및 시력개선 효과, 항산화 작용 등 다양한 생리활성을 갖는 것으로 최근 보고됨에 따라 인체에 무해한 천연색소 및 기능성 소재로서 각광받고 있다.

색소의 기본골격에 결합하는 당의 종류에 따라 색소의 배당체가 결정되며, 항산화 활성 등 생리적 효능에도 영향을 미치는 것으로 알려져 있다.

일반적으로 안토시아닌 색소는 자연계에 배당체 형태로 존재하는데, 오디에 다량으로 함유된 C3G는 여러 색소 중에서도 가장 항산화력이 뛰어난 것으로 알려져 있기 때문에 오디에 함유된 안토시아닌은 천연색소 자원으로서 그 이용가치가 매우 클 것으로 기대된다.

특히 C3G 단일물질로 존재하기 때문에 분리, 정제하기 쉽고 수율도 높아 천연색소 자원으로서 이용가치가 기대된다.

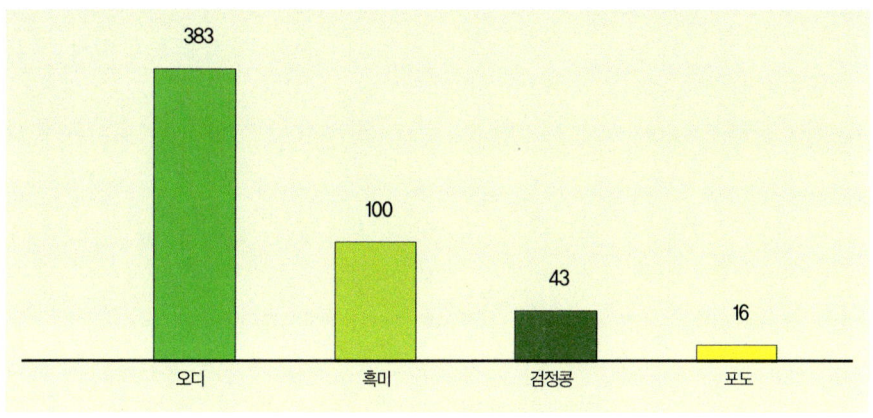

〈그림 3-2〉 작물별 노화억제 물질(C3G) 함량

(2) 유리당 조성 및 함량

유리당은 과실류의 단맛 결정인자이다. 우리나라에서 생산되는 대표적 과실인 감귤, 복숭아, 포도, 배 및 사과에 대한 유리당의 함량을 분석한 결과에 의하면, 감귤과 복숭아는 서당 > 과당 > 포도당 순으로 유리당의 함량이 많은 반면 포도와 배의 경우는 과당 > 포도당 > 서당 순으로 함량이 많고, 사과의 경우는 품종에 따라 포도당과 서당의 순서가 다르다고 하였다.

그러나 뽕나무 오디는 이들 과실과는 달리 단당류인 포도당과 과당만이 검출되었고, 이당류인 서당(Sucrose)은 함유하고 있지 않은 것으로 나타났다. 또한 혈당을 떨어뜨려 주는 성분으로 알려진 디엔제이(1-DNJ)를 뽕잎과 같은 정도로 함유하고 있으므로, 서당(Sucrose) 성분을 배제시켜야 하는 식품 제조에 있어 좋은 소재로서 활용할 수 있을 것으로 보인다.

(3) 플라보노이드(Flavonoids) 함량

플라보노이드계 화합물은 황색 또는 담황색을 띠며, UV 광선, 해충 및 미생물로부터 식물체를 보호하는 동시에 항산화작용, 효소활성 조절작용, 타감작용[vi] 및 꽃 색깔의 결정성분으로 작용하는 등 식물체의 생존에 중요한 역할을 담당할 뿐 아니라 인간에게도 유용한 성분이다.

특히 루틴(Rutin)은 모세혈관 강화작용과 모세혈관 수축작용을 나타내어 순환계질환 치료제, 고혈압치료제, 보조인자 등의 주성분으로 사용됨에 따라 민간에서는 이 성분을 포함하고 있는 천연물 및 기능성식품에 대한 관심이 높아지고 있다. 루틴은 메밀에서 최초로 분리된 물질이며 이 물질은 식물계에 널리 분포되어 있는 플라보노이드의 한 화합물로, 메밀 이외에 회화나무, 태산목, 팬지, 마로니에 꽃, 담배, 플라타너스 잎, 대황, 차나무 잎, 감나무 잎, 강낭콩 잎 등에도 많이 함유되어 있다.

이와 관련하여 누에치기(양잠) 산물 중 뽕잎에 루틴이 다량 함유되어 있다는 보고가 있으며 뽕잎과 더불어 기능성 및 천연색소 자원으로서 유망시되고 있는 오디에는 메밀과 같은 정도의 루틴이 들어 있다.

(4) 지방산의 조성 및 함량

오디 씨에는 불포화지방산인 올레산과 리놀레산이 87.0%로 매우 높다. 특히 오디 종자에 다량으로 함유된 리놀레산은 리놀렌산 및 아라키도닉산과 더불어 체내에서 합성되지 않는 필수지방산으로, 생체막의 중요한 구성성분이며 혈중 콜레스테롤의 함량을 낮추는 작용을 하는 것으로 알려져 있다. 또한 필수지방산 가운데 아라키도닉산의 생리적 효력이 가장 우수하고 리놀렌산이 가장 떨어지며, 아라키도닉산은 체내에서 리놀레산으로부터 합성되는 것으로 보고하고 있다.

따라서 리놀레산을 다량으로 함유하고 있어 불포화지방산의 함량이 상대적으로 높은 오디 종자는 신체의 성장과 유지 및 생리적 과정의 정상적 기능을 수행하는 데 중요한 역할을 할 것으로 기대되며, 특히 고지혈증의 혈중 콜레스테롤을 억제시키는 작용 등 생리활성작용을 기대할 수 있어 매우 유용한 자원으로 사료된다.

(5) 레스베라트롤 함량

뽕나무 열매인 오디에 레스베라트롤이 다량 함유되어 있는데, 포도와 땅콩보다 각각 156배, 780배 높은 함량이다. 레스베라트롤(Resveratrol)은 UV 조사, 금속이온 혹은 *Botrytis cinerea*나 *Plasmopara viticola*에 의한 감염 등 생물학적, 비생물학적 스트레스에 대해 자신을 방어하기 위하여 만드는 항독성 물질로서 인체 내에서 지질대사 제어, 혈소판 응집 억제 및 암 예방 등 다양한 효능을 가지는 것으로 알려져 있는 생리활성물질이다. 또한 피부탄력증진물질로 알려져 기능성 화장품에 이용·출시되고 있다.

다. 오디의 효능

오디에 대한 기록으로는 당나라 때 쓰인 소경, 진장기와 우리나라의 동의보감 등 고의서에 그 효능에 대해서 언급되고 있는 내용을 살펴보면 "달고 차며 독이

Tip.

v1 타감작용
다른 개체가 느끼거나 영향을 받는 작용. 식물계의 종 사이에서 흔히 볼 수 있는데, 가까이에 있는 식물체에서 나오는 이산화탄소, 에틸렌과 같은 휘발성 물질의 영향을 받는 것 따위를 이른다.

없다", "오장과 관절을 이롭게 하고 혈기를 통하게 한다", "백발을 검게 하며 소갈을 덜어 주고 오장을 이롭게 하며 오래 먹으면 배고픔을 모르게 한다" 이외에 부종억제, 숙취제거, 소갈증제거, 대머리 예방 및 치료 등에 사용된 것으로 기록되어 있다.

오디술에 대한 기록은 동의보감 탕액편에 "오디는 오장을 보하며, 귀와 눈을 밝게 한다. 즙을 내어 술을 만든다"와 본초식감에 "검게 익은 오디 한 되에 좋은 술 3되를 넣고 설탕을 2~3근 넣어 저은 후 35일 지나면 마신다"에서 찾아 볼 수 있다. 또한 오디는 간장을 튼튼하게 하고 정력을 좋게 하며 풍을 가라앉히고 영양을 풍부하게 하는 것으로 알려져 있다.

한편 오디를 수확하여 신경세포 보호·활성과 항균활성에 대한 오디 추출물의 효능을 평가한 결과 신경독성 물질 과산화수소 처리에 의해 유도되는 신경세포사에 대하여 오디 추출물 처리 시 37%의 세포보호 효과를 나타냈으며, Oxygen-glucose deprivation(OGD)에 의하여 유발된 뇌허혈 모델에서는 오디 C3G의 경우 농도 의존형으로 세포괴사를 막았다. 또한 오디 추출물과 C3G의 항균활성을 검정한 결과, 청일뽕 오디의 메탄올 추출물의 항균 활성이 가장 높았으나, *Salmonella typhimurium*의 경우 모든 처리군에서 70% 이상의 억제 활성을 나타냈다.

라. 오디를 이용한 가공식품 제조

(1) 오디 가공식품의 종류

국립농업과학원(1995년)에서는 다음과 같이 오디를 이용하여 주스, 양갱, 셔벗, 요구르트 및 오디주를 제조하고 기호도 검사를 실시하였다.

- 오디쥬스 : 오디 과즙에 올리고당 10~13%를 첨가하여 제조한 주스의 기호도가 양호하였다.

```
                    올리고당 첨가
                         ↓
오디 → 선별 → 파쇄 → 착즙 → 여과·청징 → 과즙 → 살균 → 제품
                         ↓              (80℃, 15분)
                       박분리
```

- 오디양갱 : 오디 과즙에 한천 2%, 설탕 17.5%, 올리고당 17.5%, 팥앙금 20%를 첨가하여 제조한 양갱의 식미가 가장 우수하였다.

```
            한천    가당, 팥앙금
             ↓        ↓
  오디 과즙 → 가열 → 농축 → 성형 → 냉각 → 절단 → 제품
            (중불, 10분)
```

- 오디샤베트 : 오디 과즙에 첨가되는 17% 설탕의 50%를 올리고당으로 대체하여 제조한 셔벗 식미가 가장 우수하였다.

```
        오디 과즙 → 가당
                    → 혼합 → 난백첨가 → 교반 → 냉동 → 제품
   한천 → 가수 → 가열용해
   (0.5%)
```

- 오디요구르트 : 우유에 3%의 유산종균과 10%의 오디를 첨가하여 발효시킨 요구르트의 식미가 가장 우수하였다.

```
              오디, 종균
                ↓
   우유 → 살균 → 냉각 → 혼합 → 발효 → 냉각 → 제품
        (85℃, 30분)(40℃)
```

- 오디발효주 : 과당으로 보당하여 제조한 오디발효주의 주정도가 가장 높았으나 기호도는 맥아당으로 보당한 오디주가 가장 양호하였다.

```
   오디 과즙 → 살균 → 보당 → 효모 접종 → 주발효 → 후발효 → 제품
                        (0.3%)
```

그동안 오디는 누에의 사료로서 뽕잎을 생산하기 위한 차원에서 부산물로만 취급되어 왔다. 그러나 뽕나무 오디를 주스, 잼, 침출주, 아이스크림 등의 가공제품의 원료로 사용할 수 있으며, 껍질뿐만 아니라 과육에도 안토시아닌 색소를

다량 함유하고 있어 천연색소를 이용하기 위한 차원에서 유망시되며 노화억제, 당뇨병성 망막장애의 치료, 시력개선 효과, 항산화 작용 등 다양한 생리활성을 기대할 수 있어 인체에 무해한 천연색소 및 기능성 소재로서 새롭게 각광받고 있다.

또한 유리당에 있어 과당과 포도당만으로 조성되어 있어 설탕을 배제시켜야 하는 식품제조에 있어 좋은 소재로 활용할 수 있을 것으로 보이며, 리놀산을 다량으로 함유하고 있어 불포화지방산의 함량이 상대적으로 높은 오디 종자는 특히 고지혈증의 혈중 콜레스테롤을 억제시키는 작용 등 생리활성작용을 기대할 수 있어 매우 유용한 자원으로 사료된다.

이와 같이 뽕나무 오디는 기능성 식품소재 및 누에치기(양잠) 농가의 소득을 증진시킬 수 있는 작목으로서 가능성이 시사되었지만 과실의 크기가 일반 과실에 비해 상대적으로 매우 작고 저장·유통기한이 짧아 이용기술에 대한 체계적인 연구는 이루어지지 않았다. 따라서 앞으로 이들 문제점을 해결하는 것이 가장 시급하며 동시에 그 활용방안에 대해서 많은 연구가 이루어져야 할 것이다.

마. 오디를 이용한 고부가가치 향상 기술 개발

(1) 식품첨가용 오디 천연색소

- 왜 필요한가요?
  - 오디는 안토시아닌 색소 C3G, 혈당강하물질 1-DNJ, 항암 및 피부탄력 증진물질 레스베라트롤, 고혈압 억제물질 루틴 등 우리 몸에 좋은 기능성 물질이 풍부한 뽕나무 열매입니다.
  - 이러한 오디를 이용하여 잼, 즙, 술 등의 식품개발이 이루어지고 있으나 이용방법은 많이 알려져 있지 않습니다.
  - 또한 오디 자체를 이용한 식품의 경우, 식품의 색이 검은색 또는 갈색으로 보이기 때문에 식품의 기호도를 떨어뜨립니다.
  - 따라서 눈으로 보기에도 좋고 몸에도 좋으며 보다 좋은 값을 받아 농가 소득에도 도움을 줄 수 있는 오디 식품을 개발하기 위해 오디 색소 추출 방법이 필요합니다.

- 무엇을 개발했나요?
  ▶ 오디 상태(생오디, 냉동오디, 건조오디)에 상관없이 영농현장에서 이용가능하며 여러 가지 식품에 첨가하여 사용할 수 있는 빠르고 손쉬운 오디 색소 추출 방법을 개발하였습니다.
  - 0.1% citric acid-70% EtOH(주정) 추출방법에 의한 색소 안정성 향상
  - 농가현장에서 항시 이용 가능한 빠르고 손쉬운 오디 색소 추출 방법

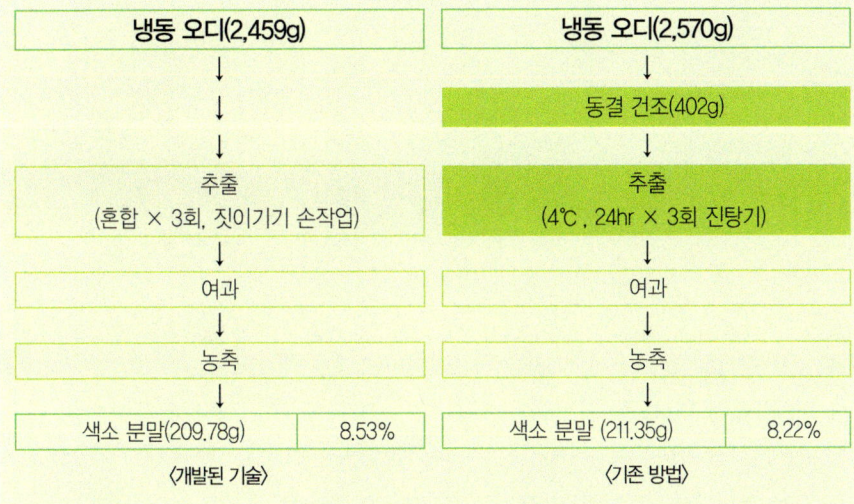

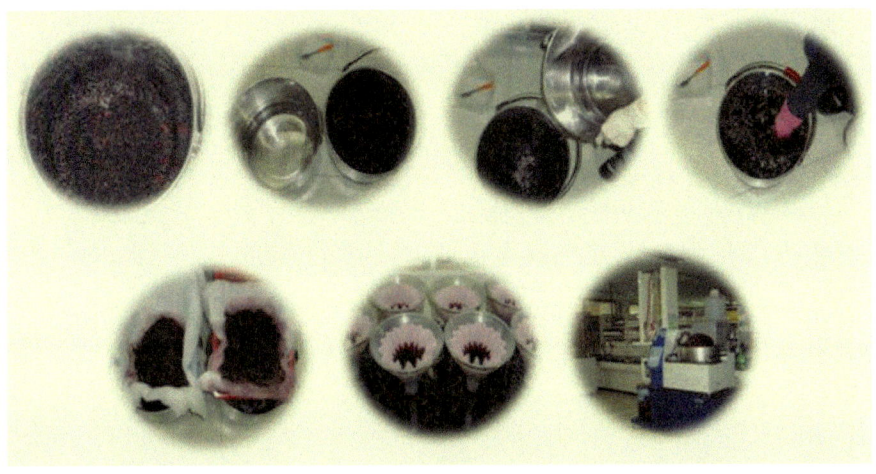

- 이렇게 활용됩니다.
  ▶ 오디 색소 추출액은 물, 술, 밀가루, 쌀가루, 우유 등 여러 가지 식품에 첨가하여 이용할 수 있습니다.
  ▶ 식품의 색이 적색 또는 분홍색을 띠므로 보기에도 좋고 몸에도 좋은 식품을 개발할 수 있습니다.

〈그림 3-4〉 오디 색소 추출액 색상

- 기대효과는?
  ▶ 이 방법에 의해 오디 색소를 추출 하는 경우 오디의 색소 추출시간을 대폭 절감할 수 있을 뿐만 아니라 고가의 냉동건조 비용과 건조시간을 없앨 수 있으므로 오디 생산 농가에 경제적 도움이 됩니다.

(2) 뽕잎과 오디 추출물을 첨가한 건강맥주 제조
- 맥주의 발효조성물에 대한 것으로 뽕잎/오디 성분을 맥주에 적절히 배합하여 노화억제물질과 고혈압 억제물질 등 건강기능성분을 함께 음용할 수 있도록 한 방법
  ▶ 천연색소를 함유한 식품첨가제로서 뽕잎/오디 추출물의 제조에 관한 것과 이를 이용한 맥주의 제조과정에 관한 것으로서, 손쉽고 효율적인 천연색소를 함유한 식품첨가제 뽕잎/오디 추출물의 제조방법 중에서 발효과정 중 발생하는 침전물 제거과정 도입과 단순첨가물이 아닌 알코올 도수조절이 가능할 정도의 발효조성물 주재료로서 뽕잎/오디 추출물을 맥주 제조과정에 도입

▶ 유용성분의 안정적인 추출방법과 맥주 제조과정상 발생할 침전물 원인물질 제거를 위한 필터링 과정, 맥아엑기스와 뽕잎/오디 추출물의 혼합비율과 제조과정의 첨가방법을 선택하고, 유용성분 함량과 알코올성분의 조절이 가능한 것을 그 특징으로 함.

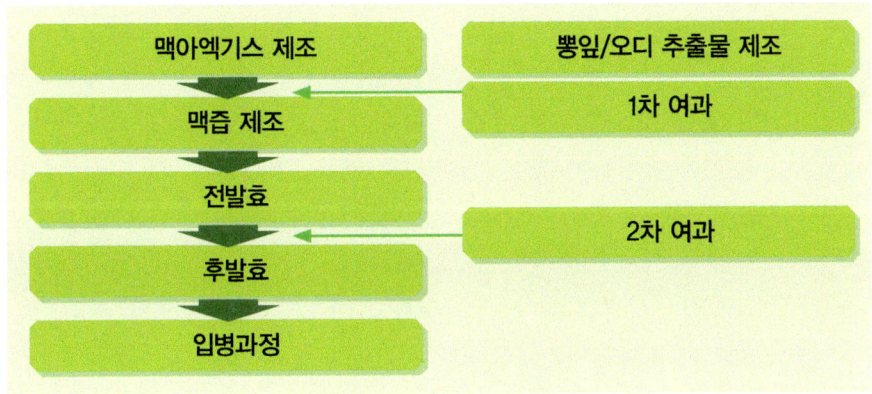

〈그림 3-5〉 오디 맥주 제조 과정

(3) 말랑말랑한 반건조 오디 제조

- 오디의 여러 가지 기능성 성분들과 오디 고유의 맛, 향 및 형태를 그대로 유지하면서도 오디를 말랑말랑한 상태를 유지할 수 있도록 하는 식감이 향상된 반건조 오디의 제조방법

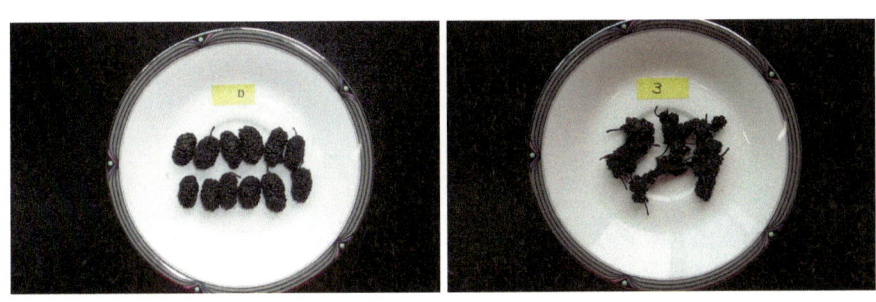

말랑말랑 반건조 오디　　　　　　일반 반건조 오디

〈그림 3-6〉 반건조 오디 비교

- 개발배경
  ▶ 고령화 농촌의 소득 작물로서 오디 생산농가 및 재배면적 증가
  - 과잉생산에 대비한 소비촉진방안 요구
  ▶ 장기 냉동저장 오디의 보관 및 유통 비용 발생
  - 농가의 경제적 부담을 해소할 수 있는 기술 개발이 절실히 요구
  ▶ 동결건조 오디의 경우 높은 가격에 비해 이용방법이 제한적이며, 상온저장 기간(60~120일)이 짧음.
  - 다양한 식품소재로의 이용, 장기 유통을 위한 가공기술 필요
  ▶ C3G 등 기능성 성분은 가공처리에 의해 손실되기 쉬움.
  - 이를 유지할 수 있는 최소 가공기술이 요구됨.

- 반건조 오디 제조 방법
  - 건조 중량 비율 16% 내외, 23~24시간 진공동결 건조
  - 건조기 내부 온도 : 30~35℃

- 반건조 오디 이용 방법
  - 간식용 등으로 그대로 식용
  - 찐빵, 떡 등에 넣어 건포도 대체
  - 케이크, 아이스크림, 칵테일 등 장식용으로 냉동오디 대체

반건조 오디 찐빵

반건조 오디 식빵

냉동오디 식빵

〈그림 3-7〉 반건조 오디 이용

● 기대효과

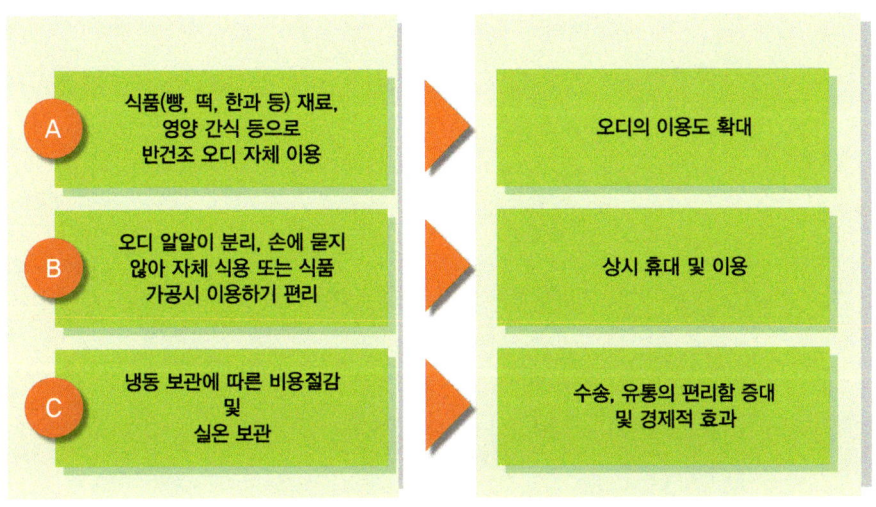

〈그림 3-8〉 반건조 오디 이용 기대효과

3 뽕잎·오디 이용 기술

가. 뽕잎·오디 가공 제품

나. 뽕잎을 이용해서 음식 만드는 법

요리명	방 법
뽕잎국수	① 밀가루에 뽕잎가루를 2~4% 비율로 배합한다. ② ①을 체에 친다. ③ ②에 물을 섞어 반죽한다. ④ 칼로 알맞게 썰어 끓는 물에서 익힌다.
뽕잎주먹밥	① 고슬하게 지은 밥에 참기름, 소금간을 해서 재빨리 섞어 식힌다. ② 둥근 모양으로 뭉쳐서 뽕잎가루, 흰깨, 흑임자 등을 묻힌다.
뽕잎경단	① 찹쌀가루에 소금을 넣은 후 익반죽을 한다. ② 끓는 물에 넣어 끓어오르면 건져서 찬물에 넣었다가 꺼낸 후 물기를 제거한다. ③ 고물을 입힌다.
뽕잎두부	① 대두는 깨끗이 씻어 12시간 정도 물에 충분히 불린다(이때 물을 자주 갈아준다). ② 믹서에 불린 콩을 곱게 갈아 두미(두액)을 얻는다. ③ 두액에 뽕잎분말을 섞어 강한 불에서 10분, 그리고 중간 불에서 20분 정도 저어가며 가열한 뒤 두부 응고제를 넣고 재빨리 젓고 불을 끈다. ④ 콩 단백질이 응고된 뒤 탈수, 성형하여 뽕잎두부를 완성한다.
뽕잎매작과	① 밀가루에 뽕잎가루를 5~10% 비율로 배합한다. ② ①을 체에 친 후 부드럽게 반죽하여 모양을 낸다. ③ ②를 160℃ 온도의 기름에서 튀겨낸다. ④ ③을 물엿이나 꿀을 바른 후 잣가루를 뿌린다.
뽕잎설기	① 쌀가루에 뽕잎가루를 각각 5% 내외 비율로 배합한다. ② 체에 ①을 친다. ③ ②에 소금, 설탕, 물을 섞는다. ④ ③을 체에 친다. ⑤ 찜통에 젖은 천을 깔고 ④를 넣고 천으로 덮는다. ⑥ 20분간 ⑤를 가열한다. ⑦ 중불에서 ⑤를 가열한다. ⑧ ⑦을 식힌다.

뽕잎 밀쌈튀김	① 뽕잎을 끓는 물에 살짝 데친 후 물기를 제거한다. ② 당근, 우엉은 채 썰어 소금간을 한 후 팬에 볶는다. ③ 쇠고기, 표고버섯도 채 썬은 후 고기양념을 해 볶는다. ④ 달걀은 황백지단을 부쳐서 채 썬다. ⑤ 데친 뽕잎에 바른 밀가루를 뿌리고 당근, 우엉, 쇠고기, 표고버섯을 놓고 말아 놓는다. ⑥ ⑤에 밀가루, 달걀, 빵가루 순으로 입혀 식용유에 튀겨낸다. ⑦ 초장 또는 겨자장을 곁들인다.
뽕잎다식	① 거피해 볶은 깨는 절구에 곱게 빻고, 검정깨도 볶아서 절구에 곱게 빻는다. ② 냄비에 물엿, 설탕, 물을 한데 담아 끓으면 꿀을 섞는다. ③ 물엿과 꿀 끓인 것을 흰깨, 검은깨, 뽕잎가루에 나누어 넣고 고루 섞어 사기그릇에 담은 후 찜통에 넣어 쩌낸 후 절구에서 윤이 날 때까지 찧는다. ④ 다식판에 넣어 박아낸다.

(혜전대학 제공)

다. 손쉬운 뽕잎차 제조법

- 뽕잎, 뽕가지 수확
- 혐기처리 : 질소 가스, 3~5시간
- 수세(Washing) 및 음건 : 바람이 잘 통하는 그늘, 선풍기 이용 물기 제거
- 덖음 및 건조
- 2차 가공 : 약한 불에 살짝 볶기
  (뽕잎 특유의 냄새 제거, 구수한 맛 가미)

라. 오디를 이용한 가공식품 만드는 방법

(1) 오디잼과 오디술 제조법

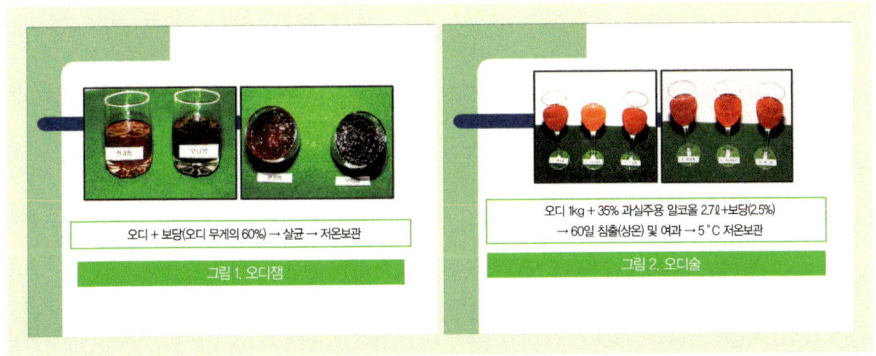

(2) 오디즙 및 오디잼 동시 제조법

- 제조방법

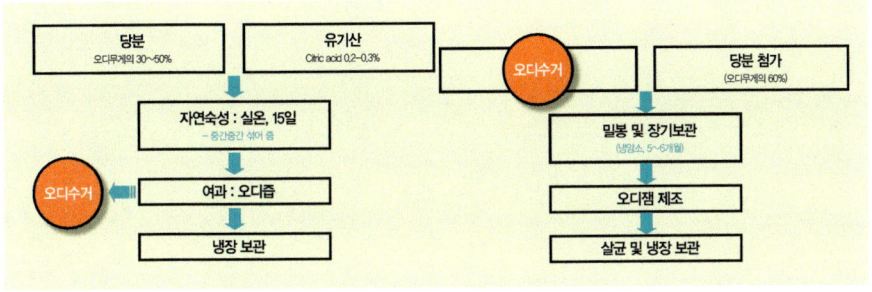

- 개발기술의 활용방법
  - 첨가하는 당분은 설탕, 포도당, 과당, 올리고당 및 자일리톨 등을 사용한다.
  - 당분 첨가 요령은 시루떡 앉히듯 오디 → 당분 → 오디 → 당분 순서로 켜켜이 하되, 맨 위층은 곰팡이 등의 잡균 증식이 일어나지 않도록 당분을 충분히 두껍게 덮는다.

- 당분 첨가 후 5~6개월 장기보관 해야 하므로 장소는 반드시 냉암소여야 한다.
- 오디잼 제조 시 믹서기를 이용하여 오디를 간 후, 삼중바닥 냄비를 이용하여 중불에서 계속 저어가면서 제조한다(센 불로 할 경우 오디의 고유 맛과 향이 없어지고 조청 맛이 나므로 유의한다).
- 오디잼 제조 후 보관은 냉장 또는 냉동보관 한다(장기보관 시 냉동보관 하는 것이 좋다).

□ 동양의 자연신목, 하나도 버릴 것 없는 뽕나무

- 뽕잎 : 상엽이라고 하여 풍을 제거하고 열을 내리며 피를 서늘하게 하고 눈을 밝게 한다. 두통이나 눈이 피로하고 충혈되며 폐에 열이 많아서 기침하거나 피부에 은진이 생기고 저린 증상에 좋다. 차로 마시면 사람을 총명하게 한다고 한다.
- 뿌리 : 세계 최초의 의약서인 신농본초경에 뽕잎과 함께 약재로 기록되었다. 고혈압이나 근육·뼈가 아프고 눈이 충혈된 데 좋다. 뿌리의 코르크층을 제거한 껍질은 상백피라고 해서 폐의 열로 인해 기침하고 누런 가래가 나올 때 좋다. 또 이뇨작용이 있어 부기를 내린다.
- 가지 : 상지라고 하고 풍사·습사를 몰아내고, 관절을 이롭게 하며 몸이 저리고 아프며 마비감이 오는 것을 치료한다.
- 열매 : 한약재명은 상심이다. 간과 신장 기능을 좋게 하며 진액을 생성하여 소갈이나 변비, 노화로 인해서 관절이 약해지고 귀에서 소리가 나는 증상에 좋다. 오래 복용하면 머리카락을 검게 하고 눈을 밝게 한다.

뽕잎   뿌리   가지   열매

□ 현대과학으로 밝혀진 뽕잎의 효능
- 당뇨병 예방 및 치료 효과
- 고혈압, 콜레스테롤 억제 및 동맥경화 예방 효과
- 중풍(뇌졸중) 예방 효과
- 중금속을 배출시켜 주는 효과
- 변비와 변의 냄새를 없애주며 소변 보기 편해지는 효과
- 장 속의 해로운 균을 없애주는 효과

- 다이어트 효과
- 암 발생을 억제해 주는 효과
- 피를 깨끗하게 해주는 효과

□ 누에랑 사람이랑 같이 먹는 뽕잎 : 훌륭한 웰빙식품 소재
- 뽕잎 칼국수
- 뽕잎 떡
- 뽕잎 김치
- 뽕잎 나물
- 뽕잎 장아찌
- 뽕잎 아이스크림

□ 오디 알알이 가득한 기능성 물질
- 오디에 함유되어 있는 기능성 물질
  - C3G* : 노화 억제, 안토시아닌 색소 중 항산화 작용이 가장 강함
  * Cyanidin-3-Glucoside의 약자로 안토시아닌 색소의 한 종류
  - 루틴, 가바(GABA) : 혈관 튼튼, 고혈압 억제
  - 오디씨 지방산 : 콜레스테롤 억제, 고지혈증 예방

※ **오디의 효능** : 『蘇經』, 『陳臟器』, 『東醫寶鑑』, 『全國韓醫科大學』, 등에 기록
  ▶ 달고 차며 독이 없다.
  ▶ 오장과 관절을 이롭게 하고 혈기를 통하게 한다.
  ▶ 백발을 검게 하며 소갈을 덜어 주고 오장을 이롭게 한다.
  ▶ 부종 억제, 숙취 제거, 소갈증 제거
  ▶ 대머리 예방 및 치료
  ▶ 오장을 보하며 귀와 눈을 밝게 한다.
  ▶ 간장을 튼튼하게 하고 정력을 좋게 하며 풍을 가라앉히고 영양을 풍부하게 한다.

- 레스베라트롤 : 항암작용, 피부탄력증진 물질
- 1-데옥시노지리마이신 : 혈당 강하 물질

□ 오디는 향수식품을 넘어 모든 세대가 즐길 수 있는 건강한 먹을거리로 진화 중
- 오디는 C3G(노화억제), 레스베라트롤(피부탄력증진)과 더불어 칼슘, 철분(보혈작용), 아연(면역기능 유지 및 상처회복) 등 무기질이 풍부하게 들어있어 건강한 성인뿐만 아니라 노인, 여성, 학생, 임산부, 어린이 등 모든 세대가 즐길 수 있음
- 오디 식용색소 개발로 오디 가공 이용 식품의 다양화 : 잼, 술, 즙, 음료 → 국수, 떡, 빵, 사탕, 아이스크림, 맥주 등

□ 우주여행의 필수 식품 오디음료(Mulberry Beverage)
- 오디음료는 부안오디를 이용해 Spray Drying 공법을 이용해 분말형태로 제조하고, 찬물에도 쉽게 복원되어 마실 수 있는 음료

※ 우주식품 8종 세트 : 김치, 불고기, 라면, 생식바, 수정과, 비빔밥, 미역국, 오디음료

 3장 뽕나무·오디의 기능성 및 이용

1. 뽕잎의 기능과 성분

▶ 뽕잎에는 50여 종의 각종 무기성분이 들어 있고 이중 칼슘과 칼륨, 철의 함량이 매우 높고 식이섬유가 풍부한 잎채소이다. 또 비타민 B군과 C가 매우 많이 들어 있다.

▶ 뽕잎은 음료수 속의 중금속을 제거하고 몸 밖으로 배출하는 것을 돕고, 항산화 활성물질이 다양하게 들어 있다.

▶ 혈액 속의 콜레스테롤을 낮춰 주며 혈당 또한 떨어뜨린다.

▶ 동맥경화와 뇌졸중(중풍)을 예방하는 효과도 있다.

▶ 피를 맑게 하고, 암 발생을 억제하는 효과가 크다.

▶ 뽕잎차를 만들어 평소에 자주 마시면 뽕잎의 좋은 성분들을 쉽게 섭취할 수 있다.

▶ 장 속의 해로운 균을 없애준다. 변비 해소에 도움을 주고, 변의 냄새를 없애주며 소변 보기가 편해지는 효과가 있다.

2. 오디의 기능성 성분

▶ 오디는 중국과 우리나라의 오래된 의학책에 '달고 차며 독이 없다', '오장과 관절을 이롭게 하고 혈기를 통하게 한다', '백발을 검게 하며 소갈을 덜어주고 오장을 이롭게 하며 배고픔을 모르게 한다'고 기록되어 있다.

▶ 오디는 칼슘과 칼륨, 비타민 B1, 비타민 C의 함량이 후지 사과에 비해 각각 14배, 3배, 70배, 13배 높다.

▶ 오디에 들어 있는 안토시아닌(C3G) 색소는 노화를 억제하고, 시력을 개선시키며 항산화 작용 등을 한다. 안토시아닌은 인체에 무해한 천연색소로 각광을 받고 있어 그 이용가치가 매우 클 것으로 기대된다.

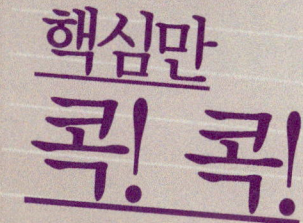

- 오디씨에는 불포화지방산인 올레산과 레놀레산이 87%를 차지하고 있어 혈중 콜레스테롤을 낮추는 역할을 한다.
- 오디는 레스베라트롤이 많이 들어 있는데 포도보다 156배, 땅콩보다 780배가 들어 있다. 생리활성물질인 레스베라트롤은 피부탄력을 증진시키는 물질로 알려져 기능성 화장품에 이용되고 있다.
- 루틴과 가바(GABA)는 혈관을 튼튼하게 하고 고혈압을 억제한다. 또한 혈당을 떨어뜨리는 물질인 1-데옥시노지리마이신이 들어 있다.

3. 뽕잎·오디 이용 기술

- 뽕나무는 뽕잎에서부터 뿌리, 가지, 열매인 오디까지 하나도 버릴 게 없는 나무이다.
- 뽕잎과 오디의 이용 기술은 나날이 발전하고 있다.
- 뽕잎과 오디를 이용한 음식(뽕잎 칼국수, 뽕잎 떡, 뽕잎 김치)과 뽕잎차 등이 있다.
- 특히 오디는 향수식품을 넘어 모든 세대가 즐길 수 있는 건강한 먹을거리로 진화하고 있다. 오디잼과 오디술, 오디즙, 오디양갱을 비롯해 국수, 떡, 빵, 사탕, 아이스크림, 맥주에 이르기까지 다양한 가공식품으로 소비자들과 만나고 있다.

제4장
참고자료

오디용 뽕나무 품종

오디용 뽕나무는 수향뽕, 상촌뽕, 대심뽕 (상베리), 심흥뽕, 대붕뽕, 대자뽕, 대성뽕 등이 있다. 품종별 특성과 수량성, 재배 시 주의해야 할 점을 담았다. 이와 함께 뽕나무과에 속하는 꾸지뽕나무의 특성과 재배법 등도 간단히 소개한다.

오디용 뽕나무 품종

새알찬

가. 주요특성

- 육성년도 : 2017년(농촌진흥청)
- 적응지역 : 언 피해(동해), 늦서리 피해 및 균핵병 발생상습지를 제외한 전국
- 계통형 : 백상
- 화 성 : 자성
- 싹트는(발아) 시기 : 중생종(오디는 일찍 익기 시작하여 늦게까지 수확 가능 조생종)
- 자 세 : 직립
- 당 도 : 16.5 °Bx

새알찬

나. 고유특성

- 백상형(Morus alba L.)에 속하는 자웅동주지만 암꽃이 많이 핌
- 오디 초숙기는 대조품종인 심흥뽕과 비슷하지만, 만숙기는 6~12일 정도 늦어 수확기간이 김
- 가지 눈사이는 청일뽕보다 길고, 색은 담갈색
- 오디색은 흑자색
- 오디균핵병 이병률은 심흥뽕보다 크게 낮아 오디균핵병에 저항성 품종

(2013~2017년, 수원)

품 종	계통형	화 성	자 세	잎모양
청 일	백 상	자 성	직 립	중형, 두께는 보통
새알찬	백 상	자 성	직 립	타원형

다. 일반특성

- 탈포기와 개엽기는 심흥뽕보다 2~3일 정도 빠른 중생종
- 과중은 청일뽕 오디와 비슷한 중소과형
- 오디 당도는 심흥보다 낮은 수준이지만 고당도
- 오디균핵병에 강한 수준

(2017년, 전주 지역, 단과중·당도 : 2015~2017년, 4개 지역)

품 종	탈포기 (월.일)	1개엽 (월.일)	5개엽 (월.일)	오디 숙기 (월.일)	단과중(g)	당도(°Bx)	균핵병 발병률 (%)
심 흥	4.19	4.26	5.3	5.23~6.8	3.2	16.4	2.5
새알찬	4.17	4.22	4.30	5.25~6.20	2.8	15.9	1.0

(2009~2012년, 4개 지역)

품종명		지역별 수량(kg/10a)				
		전주	춘천	부안	진주	평균(지수)
심흥	'15	152	216	153	230	188(100)
	'16	329	38	163	41	143(100)
	'17	231	339	358	150	270(100)
	평균	237	198	225	140	200(100)
새알찬	'15	261	232	152	432	277(147)
	'16	399	248	261	267	294(205)
	'17	509	539	533	787	592(219)
	평균	390	340	315	495	388(194)

라. 수량성

● 식재 후 3년차(결실 1년차) 수량은 심흥뽕보다 94% 높은 수준

마. 재배 시 주의점

● 잔가지의 발생이 많으므로, 휴면기 전정을 잘하여야 함

상촌뽕

가. 주요특성

- 육성년도 : 2011년(농촌진흥청)
- 적응지역 : 언 피해(동해), 늦서리 피해 및 균핵병 발생상습지를 제외한 전국
- 계통형 : 백상
- 화 성 : 자성
- 싹트는(발아) 시기 : 중생종(오디 익은 때(숙기) 올씨(조생종))
- 자 세 : 직립
- 당 도 : 14.9°Bx

상촌뽕

나. 고유특성

- 백상형(Morus alba L.)에 속하는 자웅동주지만 암꽃이 많이 핌
- 잎모양은 타원형으로 짙은 녹색이며, 잎의 두께는 청일뽕과 비슷한 수준
- 가지는 자람새가 청일뽕과 비슷하고 색은 회백색
- 오디색은 흑자색

(2008~2011년, 수원)

품 종	계통형	화 성	자 세	잎모양
청 일	백 상	자 성	직 립	중형. 두께는 보통
상 촌	백 상	자 성	직 립	타원형으로 짙은 녹색

다. 일반특성

- 싹트기(발아), 잎 필 때(개엽기)는 청일뽕과 비슷한 중생종이나, 오디 익은 때(숙기)는 청일뽕보다 5일 정도 빠른 올씨(조생종)
- 과중은 청일뽕보다 무거운 중과형
- 오디 당도는 청일뽕보다 약간 높은 수준
- 오디균핵병은 청일뽕과 같은 수준

(2011년, 수원 지역, 단과중·당도 : 2008~2011년, 3개 지역)

품 종	탈포기 (월.일)	1개엽 (월.일)	5개엽 (월.일)	오디 숙기 (월.일)	단과중(g)	당도(°Bx)	균핵병 발병률(%)
청 일	4.25	5.8	5.12	6.8~6.25	2.2	14.3	1.9
상 촌	4.24	5.7	5.14	6.3~6.20	2.9	14.9	2.1

라. 수량성

- 식재 후 3~4년차(결실 1~2년차) 수량은 청일뽕과 같은 수준이나, 결실 3~4년차 수량은 12% 증수되는 품종으로, 결실 4년차 평균수량은 평균 8% 증수되는 다수성계임

(2009~2012년, 4개 지역)

품종명		지역별 수량(kg/10a)				
		수원	춘천	청주	계	평균
청일	2008년	146	144	139	429	143(100)
	2009년	275	269	464	1,008	336(100)
	2010년	485	203	486	1,174	391(100)
	2011년	490	386	535	1,411	470(100)
	평균	349	251	406	1,006	335(100)
상촌	2008년	153	150	148	451	150(105)
	2009년	243	248	501	992	331(99)
	2010년	553	186	559	1,298	433(111)
	2011년	580	391	615	1,586	529(113)
	평균	382	244	456	1,082	361(108)

마. 재배 시 주의점

- 오디균핵병 발병은 청일뽕과 비슷한 수준으로 크게 강하지 않으므로 균핵병 방제 철저
- 낮추만들기(3~4 × 2~3m), 중간만들기(4 × 3~4m) 가능

대심뽕(상베리)

가. 주요특성

- 육성년도 : 2010년(농촌진흥청)
- 오디용(생과용)
- 적응지역 : 언 피해(동해), 늦서리 피해 및 균핵병 발생 상습지를 제외한 전국
- 계통형 : 백상
- 화 성 : 자성
- 싹트는(발아) 시기 : 중생종
- 자 세 : 직립
- 당 도 : 10~12 °Bx

대심(상베리)

나. 고유특성

- 백상형(Morus alba L.)에 속하는 자웅동주지만 암꽃이 많이 핌
- 잎 모양은 타원형으로 짙은 녹색이며, 잎의 두께는 청일뽕보다 두꺼운 수준임
- 가지는 자람새가 강하고 색은 검붉은 색이며 오디는 흑자색임

(2003~2007년, 수원)

품 종	계통형	화 성	자 세	잎모양
청 일	백 상	자 성	직 립	중형, 두께는 보통
대 심	노 상	자 성	직 립	타원형, 짙은 녹색의 보통두께

다. 일반특성

- 싹트기(발아), 잎 필 때(개엽기)는 대조품종 대비 늦으나 오디 익은 때(숙기)는 비슷한 중생종
- 과중은 청일뽕보다 무거운 대과형으로 당도는 청일뽕보다 낮은 수준

(2010년, 수원지역, 단과중·당도 : 2007~2010년, 4개지역)

품 종	탈포기 (월.일)	1개엽 (월.일)	5개엽 (월.일)	오디 숙기 (월.일)	단과중(g)	당도(°Bx)	균핵병 발병률(%)
청 일	5.3	5.8	5.12	6.6~6.28	2.2	14.7	3.3
대 심	4.24	5.10	5.19	6.5~6.30	4.7	10.5	6.2

라. 수량성

- 식재 후 3년차 수량은 청일뽕 대비 116% 증수되는 조기결실이 우수한 품종으로 결실 4년 평균수량은 평균 70% 증수되는 다수성계

(2007~2010년, 4개 지역)

품종명		지역별 수량(kg/10a)				
		수원	춘천	진주	상주	평균
청 일	2007년	222	169	217	276	221(100)
	2008년	480	408	423	240	388(100)
	2009년	540	787	427	472	557(100)
	2010년	569	770	430	480	562(100)
	평균	453	534	374	367	432(100)
대 심	2007년	467	315	457	670	477(216)
	2008년	644	635	730	506	629(162)
	2009년	826	1,361	733	753	918(165)
	2010년	813	1,337	733	769	913(162)
	평균	688	912	663	675	734(170)

마. 재배 시 주의점

- 원래 상베리로 알려진 품종으로, 대심으로 명칭 변경
- 오디 균핵병에 약하므로 균핵병방제 철저
- 오디 당도가 낮으므로 퇴비시용 등 당도향상을 위한 재배 필요
- 낮추만들기(3~4 × 2~3m), 중간만들기(4 × 3~4m) 모두 가능

심흥뽕

가. 주요특성

- 육성년도 : 2009년(농촌진흥청)
- 적응지역 : 언 피해(동해), 늦서리 피해 및 균핵병 발생 상습지를 제외한 전국
- 계통형 : 백상
- 화 성 : 자성
- 싹트는(발아) 시기 : 중생종
- 자 세 : 직립
- 당 도 : 13~14 °Bx

심흥뽕

나. 고유특성

- 백상형(Morus alba L.)에 속하는 자웅동주지만 암꽃이 많이 핌
- 잎 모양은 타원형이며, 잎의 크기는 청일뽕보다 약간 작은 수준
- 가지는 구부러짐이 있고, 색은 청일뽕과 비슷한 회백색
- 오디 색은 흑자색

(2006~2009년, 수원)

품 종	계통형	화 성	자 세	잎모양
청 일	백 상	자 성	직 립	중형, 두께는 보통
심 흥	백 상	자 성	직 립	청일뽕보다 약간 작고 타원형

다. 일반특성

- 싹트기(발아), 잎 필 때(개엽기)와 오디 익은 때(숙기)는 청일뽕과 비슷한 중생종 뽕
- 과중은 청일뽕 오디보다 무거운 중과형
- 당도는 청일뽕보다 약간 낮은 수준
- 오디 균핵병 발병률은 청일뽕보다 약간 낮은 수준

(2009년, 수원 지역, 단과중·당도 : 2006~2009년, 3개 지역)

품 종	탈포기 (월.일)	1개엽 (월.일)	5개엽 (월.일)	오디 숙기 (월일)	단과중(g)	당도(°Bx)	균핵병 발병률(%)
청 일	4.21	4.28	5.6	5.29~6.20	1.8	14.4	1.7
심 흥	4.22	4.30	5.8	5.29~6.21	2.8	13.9	1.2

라. 수량성

- 10a당 오디수량은 청일뽕 대비 결실 초기(1~2년차)에는 19~28% 낮았으나, 3년차에는 6%, 4년차에는 29% 증수되어 4년 평균 5% 증수되는 다수성계

(2006~2009년, 3개 지역)

품종명		지역별 수량(kg/10a)				
		수원	완주	진주	계	평균
청일	2006년	202	25	220	447	149(100)
	2007년	522	276	573	1,371	457(100)
	2008년	685	695	615	1,995	665(100)
	2009년	719	500	703	1,922	641(100)
	평균	532	374	528	1,434	478(100)
심흥	2006년	140	52	128	320	107(72)
	2007년	532	144	441	1,117	372(81)
	2008년	780	719	620	2,119	706(106)
	2009년	949	742	793	2,484	828(129)
	평균	600	414	496	1,510	503(105)

마. 재배 시 주의점

- 특이사항 없음

수홍뽕

가. 주요특성

- 육성년도 : 2008년(농촌진흥청)
- 적응지역 : 언 피해(동해) 늦서리 피해 및 균핵병 발생상습지 제외한 전국
- 계통형 : 노상
- 화 성 : 자성
- 싹트는(발아) 시기 : 중생종
- 자 세 : 직립
- 당 도 : 15~16 °Bx

수홍뽕

나. 고유특성

- 노상형(Morus Lhou(Ser.) Koidz)에 속하는 자웅동주지만 암꽃이 많이 피며 직립성의 중생종
- 잎 크기는 중형으로 타원형
- 오디 색은 적자색

(2004~2008년, 수원)

품 종	계통형	화 성	자 세	잎모양
청 일	백 상	자 성	직 립	중형, 두께는 보통
수 홍	노 상	자 성	직 립	중형, 타원형의 잎

다. 일반특성

- 싹트기(발아), 잎 필 때(개엽기) 및 오디 익은 때(숙기)는 청일뽕과 비슷한 중생종
- 단과중은 청일뽕에 비하여 무겁고, 당도는 약간 높음
- 오디 균핵병 발생률은 청일뽕보다 약간 낮은 수준

(2008년, 수원 지역, 단과중 및 당도: 2006~2008년, 3개 지역)

품 종	탈포기 (월.일)	1개엽 (월.일)	5개엽 (월.일)	오디 숙기 (월일)	단과중 (g)	당도 (°Bx)	과색	균핵병 발병률 (%)
청 일	4.18	4.23	4.30	5.26~6.18	1.8	14.4	흑자색	1.6
수 홍	4.19	4.22	5.v2	5.27~6.20	2.9	15.1	적자색	1.3

라. 수량성

- 10a당 오디수량은 결실 1년차에 청일뽕보다 51% 높아 초기 결실성이 우수하며, 3년 평균 34% 증수

(2006~2008년, 3개 지역)

품종명		지역별 수량(kg/10a)				
		수원	완주	진주	계	평균
청 일	2006년	202	25	220	447	149(100)
	2007년	522	276	573	1,371	457(100)
	2008년	685	695	615	1,995	665(100)
	평균	470	332	469	1,271	424(100)
수 홍	2006년	307	158	302	767	225(151)
	2007년	660	572	702	1,934	645(152)
	2008년	820	985	715	2,520	840(126)
	평균	596	572	573	1,740	570(134)

마. 재배 시 주의점

- 익었을 때 오디는 비교적 단단함
- 익었을 때의 오디는 검붉은 색으로 검은색 오디와 차이가 있음
  (검은색 오디를 선호하는 소비자가 많으므로, 소면적 재배)
- 중간만들기, 낮추만들기 모두 다 가능
  - 중간만들기(4×3~4m), 낮추만들기(3.5×2~2.5m)

대붕뽕

가. 주요특성

- 육성년도 : 2007년(농촌진흥청)
- 적응지역 : 전국
- 계통형 : 노상
- 화 성 : 자성
- 싹트는(발아) 시기 : 중생종
- 자 세 : 직립
- 당 도 : 13.4 °Bx

대붕뽕

나. 고유특성

- 어미그루(모본)인 대도상과 마찬가지로 노상형(Morus Lhou(Ser.) Koidz)에 속하며 개화 초기에는 수꽃이 피기는 하지만 암꽃이 많이 피는 나무이며, 가지가 곧게 자라는 직립성이고 잎 크기는 대형이며 두꺼운 타원형
- 익었을 때의 오디 색깔은 흑자색이며, 오디의 형태는 구부러진 형태의 곡

과 모양이 많다. 과병이 다른 품종에 비하여 길어 손 수확이 용이함
- 오디는 단단하여 생과용으로 유통이 가능할 것으로 판단되며, 저온 유통 가능 기간은 2~3일 정도로 딸기와 비슷할 것으로 예상됨

(2003~2007년, 수원)

품 종	계통형	화 성	자 세	잎모양
청 일	백 상	자 성	직 립	중형, 두께는 보통
대 붕	노 상	자 성	직 립	대형, 짙은 녹색의 두꺼운 잎

다. 일반특성

- 싹트기(발아), 잎 필 때(개엽기)와 오디가 익는 시기는 청일뽕과 비슷한 중생종으로, 늦서리 피해우려는 청일뽕과 비슷한 정도임
- 오디의 무게(크기)는 청일뽕에 비하여 다소 무겁고(크고), 당도는 청일뽕보다 다소 낮음
- 오디 균핵병은 청일뽕과 같은 수준으로 다소 강한 편임

(2007년, 3개 지역, 단과중 및 당도: 2005~2007년, 3개 지역)

품 종	탈포기 (월.일)	1개엽 (월.일)	5개엽 (월.일)	오디숙기 (월일)	단과중(g)	당도(°Bx)	균핵병 발병률(%)
청 일	4.24	5.1	5.6	6.6~6.18	2.1	15.1	1.1
대 붕	4.24	5.1	5.8	6.5~6.16	2.7	13.4	1.1

라. 수량성

- 초기 결실성(결실 1년차~심은 후 3년째)이 우수하며, 10a(1,000㎡)당 3년간 수량은 청일뽕 대비 31% 증수되는 다수성 품종

(2005~2007년, 3개 지역)

품종명		지역별 수량(kg/10a)				
		수원	춘천	진주	계	평균
청일	2005년	265	114	171	550	182(100)
	2006년	543	317	509	1,369	456(100)
	2007년	613	861	666	2,140	713(100)
	평균	474	431	449	1,353	450(100)
대봉	2005년	458	141	601	1,200	400(220)
	2006년	801	277	561	1,639	546(120)
	2007년	816	851	794	2,461	820(115)
	평균	692	423	652	1,767	589(131)

마. 재배 시 주의점

- 오디가 결실되기 시작하여 2년차까지는 오디의 당도가 낮아 재배 시 오디의 당도를 높일 수 있도록 퇴비 위주 재배
- 청일뽕과 비슷한 정도로 균핵병에 강하지만 절대 저항성이 아니므로, 발생 상습지는 피해야 하며, 방제에 주의를 기울여야 함
- 내동성은 보통 정도이므로 추운 지역에 재배 시에는 늦게까지 생육되는 것을 막기 위하여 질소질 비료를 많이 주지 않도록 함
- 낮추만들기(3~4×2~3m), 중간만들기(4×3~4m) 모두 가능함

대자뽕(맛나오디)

가. 주요특성

- 육성년도 : 2006년(농촌진흥청)
- 적응지역 : 언 피해(동해) 상습지 및 결시기 때 바람이 많이 부는 지역을 제외한 전국
- 계통형 : 노상
- 화 성 : 자성
- 싹트는(발아) 시기 : 중생종
- 자 세 : 직립
- 당 도 : 15~17 °Bx

대자뽕(맛나오디)

나. 고유특성

- 노상형(Morus Lhou(Ser.) Koidz)에 속하는 암나무이며 직립성의 중생종
- 잎 크기는 대형으로 잎 두께는 두꺼우며 타원형, 오디 색은 적자색

(2003~2006년, 수원)

품 종	계통형	화 성	자 세	잎모양
청 일	백 상	자 성	직 립	중형, 두께는 보통
대 자	노 상	자 성	직 립	대형, 농녹색의 두꺼운 잎

다. 일반특성

- 싹트기(발아), 잎 필 때(개엽기)와 오디가 익는 시기는 청일뽕과 비슷한 중생종임
- 단과중은 청일뽕에 비하여 무겁고 당도는 높음
- 오디 균핵병에 다소 강한 편임

(2006년, 3개 지역, 단과중 및 당도: 2005~2006년, 3개 지역)

품 종	탈포기 (월.일)	1개엽 (월.일)	5개엽 (월.일)	오디 숙기 (월.일)	단과중(g)	당도(°Bx)	균핵병 발병률(%)
청 일	4.26	5.4	5.12	6.6~6.16	1.9	14.9	0.4
대 자	4.27	5.6	5.15	6.5~6.17	4.5	14.9	0.2

라. 수량성

- 10a(1,000㎡)당 수량은 결실 첫해 청일뽕보다 33% 낮았으나, 2년차에는 17% 증수되었으며 2년 평균 3% 증수됨

(2005~2007년, 3개 지역)

품종명		지역별 수량(kg/10a)				
		수원	춘천	진주	계	평균
청 일	2005년	262	114	171	547	182(100)
	2006년	543	317	509	1,369	456(100)
	평균	402	216	340	958	319(100)
대 자	2005년	240	127	0	367	122(67)
	2006년	801	287	514	1,602	534(117)
	평균	521	207	257	985	328(103)

마. 재배 시 주의점

- 오디가 떨어지기 쉬우므로 바람이 많이 부는 지역에서의 재배를 피함
- 결실 초기 수량이 낮고, 수형은 크게 키워야 수량성이 높음
- 열매가 떨어지기(낙과되기) 쉬우므로, 수확기에는 수확망을 깔아 낙과 수집 이용
- 심는 거리는 4×3~4m 이상으로 비교적 넓게 심어, 중간만들기 수형으로 재배

대성뽕

가. 주요특성

- 육성년도 : 2004년(농촌진흥청)
- 적응지역 : 균핵병 상습지를 제외한 전국
- 계통형 : 노상
- 화 성 : 자성
- 싹트는(발아) 시기 : 중생종
- 자 세 : 직립
- 당 도 : 13.6 °Bx

대성뽕

나. 고유특성

- 노상형(Morus Lhou(Ser.) Koidz)에 속하는 암나무이며 직립성의 중생종
- 잎 크기는 대형으로 잎 두께는 두꺼우며 타원형임

(2002~2004년, 수원)

품 종	계통형	화 성	자 세	잎모양
청 일	백 상	자 성	직 립	중형, 두께는 보통
대 성	노 상	자 성	직 립	대형, 두꺼움

다. 일반특성

- 싹트기(발아), 잎 필 때(개엽기)와 오디가 익는 시기는 청일뽕과 비슷한 중생종
- 마디길이(절간장)는 청일보다 다소 길고 조경은 굵음
- 단과중은 청일뽕에 비하여 무겁고 당도는 약간 낮으며 익는 시기(숙기)는 중숙계임
- 오디 당도가 비교적 낮음

(2002년, 3개 지역, 단과중 및 당도: 2003~2004년, 3개 지역)

품 종	탈포기 (월.일)	1개엽 (월.일)	5개엽 (월.일)	오디 숙기 (월.일)	단과중(g)	당도(°Bx)	균핵병 발병률(%)
청 일	4.19	4.26	5.2	6.20	2.1	15.2	-
대 성	4.20	4.27	5.3	6.17	3.3	13.6	-

- 생리활성 물질인 C3G, Rutin, Amino acid를 많이 함유한 것으로 평가됨

품종명	C3G	Rutin	Amino acid
청 일	0.872	0.09	3.9
대 성	1.117	0.16	4.9

라. 수량성

- 10a(1,000㎡)당 수량은 청일대비 48% 증수됨

(2003~2004년)

품종명		수량(kg/10a)
청 일	2003년	397(100)
	2004년	445(100)
	평균	421(100)
대 성	2005년	624(157)
	2006년	617(139)
	평균	621(148)

마. 재배 시 주의점

- 오디 균핵병에 많이 약하므로 방제철저
- 질소 비료주기(시비)량 잎뽕재배 대비 50% 줄여 비료주기(시비)
- 나무를 적게 키우고, 수확한 다음 가지를 잘라 잔가지 확보
- 퇴비사용 등 당도향상 재배
- 낮추만들기로 키우고 손 수확
- 심는 거리 3~4 × 2~3m 적당

오디 생산용으로 이용 가능한 뽕 품종

품종명	특 성	재배 유의사항
청일뽕	● 뽕잎용으로 많이 보급되어 있는 품종 (엽질 좋고 병해충에 강함) ● 오디는 비교적 작으나 향이 좋고 당도가 높아 품질 우수 (15~16°Brix) ● 익은 오디는 잘 떨어지므로 흔들어 수확 가능 ● 수량성은 보통이며, 심은 후 3년차부터 수확가능 ● 수확시기 : 중생종	● 나무가 크게 자랄수록 수확량이 늘어나므로 넓게 심어 크게 키우는 것이 유리 [예: 6×6m 간격, 사이에 조기 결실성 품종심어 수확 후 커감에 따라 솎아베기(간벌)] ● 중간만들기 이상으로 크게 키움 ● 비닐 등을 깔고 흔들어 수확
수원뽕	● 오디 결실성이 좋으며, 크기는 청일뽕보다 약간 큼 ● 수꽃이 먼저 피고 난 다음에 암꽃이 많이 핌 ● 수량성은 청일뽕보다 높거나 같은 수준, 품질은 약간 떨어짐 (13~14°Brix) ● 수확시기 : 올씨(조생종)(청일뽕 대비 7~10일정도 빠름)	● 특별한 유의점이 없으나, 당도 향상을 위해 퇴비 위주 재배 ● 수형은 중간만들기 정도로 하는 것이 유리 ● 비닐 등을 깔고 흔들어 수확 ● 심는 거리 : 4×3~4m
수성뽕	● YK-209로도 알려진 품종 ● 잎에 GABA, 루틴 고함유 기능성 품종 ● 오디가 비교적 크고, 다수성 품종 ● 오디의 품질은 보통[큰 나무에서는 당도가 높으나, 재배 시험 시는 높지 않음(13~14°Brix)] ● 생육이 왕성하여 늦게까지 자람 ● 청일뽕보다 3~4일 정도 빠름	● 늦게까지 자란 가지는 끝 마름이 심하므로 질소질 비료 제한 비료주기(시비) ● 수형은 낮추만들기, 중간만들기 둘 다 가능 ● 비닐 등을 깔고 흔들어 수확 ● 심는 거리 : 4×3~4m

꾸지뽕나무

꾸지뽕나무는?

꾸지뽕나무(Cudrania Tricuspidata Bureau)는 뽕나무과에 속하는 낙엽성 소교목 또는 관목으로서 암수가 다른 나무이며 황해도 이남과 중국, 일본 등지에 주로 분포하는 식물이다.

꾸지뽕나무의 잎, 뿌리껍질에는 여러 가지 생리활성 물질이 있어 암세포 성장 저해 및 항산화 활성 등이 있는 것으로 알려져 예로부터 민약으로 많이 이용되어 왔으며, 최근에는 재배에 관심을 갖는 농가가 늘어나고 있다.

꽃은 5월 하순~6월 상순경에 피고, 열매는 10중순~11월 상순경에 붉은색으로 익으며, 뽕나무 오디에 비하여 매우 큰 열매를 맺는다.

꽃이 피기 전까지는 암수를 전혀 구분할 수 없으나, 꽃이 피면 암수를 구분할 수 있다. 꽃은 작은 콩나물 콩 크기 정도이며, 암꽃은 꽃술이 있고, 수꽃은 꽃술이 없어 일정기간이 지나면 암꽃은 수정되어 열매가 자라고, 수꽃은 떨어져 버린다.

가시가 있는 것과 없는 나무가 있는데, 재배를 하기 위해서는 가시가 없는 나무가 관리하기가 쉽다.

오디를 수확하기 위해서는 암나무와 수나무를 같이 심어 주어야 한다. 수나무는 전체 심는 그루수의 5~10% 정도 심어주면 된다.

암나무

수나무

암수 구분

선열매(미숙과)

열매 결실

열매 결실모습

재배법

지금까지 꾸지뽕나무는 나무를 심어 특별한 수형을 만들지 않고 크게 자라게 하는 일반 큰 키 나무(교목)으로 재배하여 왔으므로, 특별한 재배법이 연구되어 있지는 않다.

그러나 열매 생산을 위해서는 이랑 사이 4~5m, 나무 사이 3~4m정도로 심어 주고, 나무 모양은 낮추만들기 형태로 재배하는 것이 적당할 것으로 판단된다.

번식법의 종류 및 장단점

- 번식법에는 종자를 파종하여 묘목을 생산하는 방법(실생법), 꺾꽂이(삽목)를 이용하는 방법 등이 있다. 꺾꽂이(삽목) 방법에는 전년에 자란 묵은 가지를 이용하는 방법(고조삽목법)과 새순을 꺾꽂이(삽목)하는 방법(신소삽목법)이 있다.
- 실생법은 씨(종자)를 뿌려(파종하여) 생산하는 방법으로 가장 간단하지만, 번식된 묘목의 특성이 어미나무[모수(母樹)]와 전부 달라지는 특성이 있으며, 실온 보관 시 싹트기(발아)가 잘되지 않는 경우가 있다. 또한 묘목의 질이 꺾꽂이(삽목)에 의한 것보다 떨어진다.
- 고조삽목법은 묘목의 질이 좋고, 꺾꽂이(삽목)용으로 채취한 가지는 어미나무와 같은 특성을 갖고 있어 오디 생산용으로 암수나무를 구분하여 채취할 수 있는 장점이 있다. 단점으로는 많은 삽수를 채취하기가 어렵다.
- 새순삽목법은 꺾꽂이(삽목)용으로 채취한 가지는 고조삽목법과 마찬가지로 어미나무와 같은 특성을 갖고 있어 오디 생산용으로 암수나무를 구분하여 채취할 수 있고, 새순마다 꺾꽂이순(삽수)으로 이용할 수 있어 고조삽목법보다 많은 꺾꽂이순을 채취할 수 있는 장점이 있다. 단점으로는 뿌리가 날 때까지 잎이 떨어지지 않도록 해주어야 하므로 고조삽목법보다 세심한 관리가 필요하다.

꾸지뽕나무 번식 방법

가. 실생법[씨 뿌림(종자파종)]

- 잘 익은 씨(종자)를 채취하여 과육을 제거하고, 그늘에서 건조시켜 저온에

보관한다(냉장고 냉장실에 보관).
- 이듬해 봄 온실에서 파종하여 싹을 틔워(발아시켜) 재배하거나, 키워서 접나무(접목)용 바탕나무(대목)로 활용한다.

나. 고조삽목법(묵은가지 꺾꽂이)

(1) 꺾꽂이(삽목)순 채취시기 : 봄 물오르기 전(3월 하순경까지)

(2) 방법 : 비교적 굵은 가지(10㎜ 내외), 길이 15㎝ 정도의 가지를 미리 준비한 발근촉진제(IBA 또는 NAA) 0.3% 용액에 3초 정도 담근 다음 물기를 말리고 꺾꽂이한다.

(3) 꺾꽂이(삽목) 후 온도 : 30℃ 정도까지 높아질수록 뿌리내림(발근)이 잘 됨
[따라서 가지를 채취한 다음 저온에 보관하여 온도가 높아질 때 꺾꽂이(삽목)하는 것이 좋으며, 비닐하우스 내에 비닐을 깔고 못자리 터널처럼 만들어 온도를 높여 꺾꽂이하는 것이 좋음]
가지의 잘린 윗부분에는 바르는 약(도포제, 톱신페스트 등)을 발라주면 건조와 병균의 침입을 막아 줄 수 있음
※ 도포제가 없을 경우 양초를 녹여 순간적으로 담궈 막을 만들어 주어도 가능함

(4) 발근촉진제(IBA 또는 NAA 용액) 만드는 법
(발근촉진제는 물에 그냥 녹지 않으므로, NaOH 용액으로 녹인 다음 증류수를 넣어 농도를 맞추어 준다).
예) 0.3% 용액을 100㎖ 만들 경우
- 0.3g 을 달아 작은 비커에 넣는다.
- 0.4% 정도의 NaOH 용액을 조금씩 넣어 녹인다.
- 다 녹은 다음 증류수를 넣어 100㎖로 맞춘다.

다. 새순삽목법(새순 꺾꽂이(삽목))

(1) 꺾꽂이(삽목) 시기

7월 중하순~8월 상중순(새순이 자라 어느 정도 굳어진 시기)

(2) 꺾꽂이순(삽수) 준비

새순에 8~9잎 이상 자란 가지를 잘라 낸다.
자른 가지의 잎을 4개만 남기고 자른 다음, 아래 부분의 잎 2개를 잘라 낸다.

(3) 꺾꽂이판(삽목상) 준비

아래 그림과 같이 2중 터널을 설치하고, 땅에서 150㎝ 정도 높이에 75% 정도의 빛 가림망(차광망)을 설치한다. 토양은 배수가 잘되는 모래참흙(사양토)이 적당하다.

(4) 꺾꽂이(삽목)

아래의 작은 터널 안에 충분한 물을 준 다음, 준비한 꺾꽂이순(삽수)을 심고 바로 비닐을 씌운다.

(5) 꺾꽂이(삽목) 후 관리

꺾꽂이(삽목) 후 30~40일 정도 지나 새싹이 자라나오면 뿌리가 나고 활착이 된 것이다. 새순의 잎이 2~3개정도 자라면 아래 터널의 비닐 양쪽을 조금씩 열어 바람을 통하게 하여 새순을 순화시킨 다음 완전히 아래 비닐 및 빛 가림망(차광망)을 차례로 제거한다. 필요 시 비료를 준다.

(6) 낙엽이 진 후부터 이듬해 봄까지 캐서 본밭(본포)에 옮겨 심는다.

※ 주의점

새순 꺾꽂이(삽목) 시 새순이 시들기 전에 꺾꽂이(삽목)하고, 뿌리가 날 때까지 신선하게 유지하는 것이 가장 중요하다. 가능한 흐리거나 비 오는 날 채취 후 바로 꺾꽂이하는 것이 좋으며, 터널 안에 충분한 수분을 공급한다.

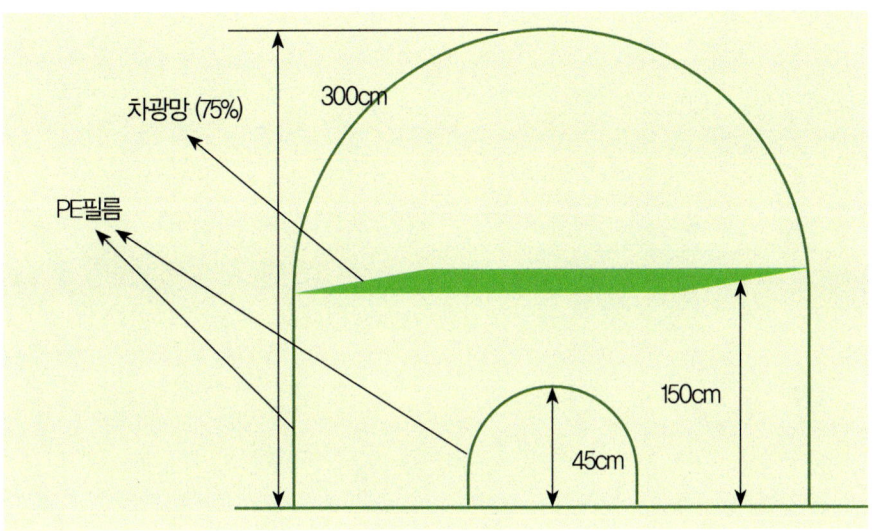

꺾꽂이판(삽목상) 준비

뽕나무·오디 재배

1판 1쇄 인쇄 2024년 12월 05일
1판 1쇄 발행 2024년 12월 10일
저　　자 국립원예특작과학원
발 행 인 이범만
발 행 처 **21세기사** (제406-2004-00015호)
　　　　경기도 파주시 산남로 72-16 (10882)
　　　　Tel. 031-942-7861　　Fax. 031-942-7864
　　　　E-mail : 21cbook@naver.com
　　　　Home-page : www.21cbook.co.kr
　　　　ISBN 979-11-6833-168-6

정가 24,000원

이 책의 일부 혹은 전체 내용을 무단 복사, 복제, 전재하는 것은 저작권법에 저촉됩니다.
저작권법 제136조(권리의침해죄)1항에 따라 침해한 자는 5년 이하의 징역 또는 5천만 원 이하의
벌금에 처하거나 이를 병과(併科)할 수 있습니다. 파본이나 잘못된 책은 교환해 드립니다.